IPA-IAO

Forschung und Praxis

Band 122

Berichte aus dem
Fraunhofer-Institut für Produktionstechnik
und Automatisierung (IPA), Stuttgart,
Fraunhofer-Institut für Arbeitswirtschaft
und Organisation (IAO), Stuttgart, und
Institut für Industrielle Fertigung und
Fabrikbetrieb der Universität Stuttgart

Herausgeber: H. J. Warnecke und H.-J. Bullinger

Thomas Hülsmann

Verschleißvorgänge beim Querschneiden dünner Bahnen

Mit 47 Abbildungen und 5 Tabellen

Springer-Verlag Berlin Heidelberg GmbH 1988

Thomas Hülsmann

Fraunhofer-Institut für Lebensmitteltechnologie und Verpackung (ILV), München

Dr.-Ing. H. J. Warnecke

o. Professor an der Universität Stuttgart
Fraunhofer-Institut für Produktionstechnik und Automatisierung (IPA), Stuttgart

Dr.-Ing. habil. H.-J. Bullinger

o. Professor an der Universität Stuttgart
Fraunhofer-Institut für Arbeitswirtschaft und Organisation (IAO), Stuttgart

D 93

ISBN 978-3-540-50049-0 ISBN 978-3-662-10782-9 (eBook)
DOI 10.1007/978-3-662-10782-9

Ursprünglich erschienen bei Springer-Verlag Berlin Heidelberg New York 1988.

2362/3020–543210

Geleitwort der Herausgeber

Futuristische Bilder werden heute entworfen:

- o Roboter bauen Roboter,
- o Breitbandinformationssysteme transferieren riesige Datenmengen in Sekunden um die ganze Welt.

Von der "menschenleeren Fabrik" wird da gesprochen und vom "papierlosen Büro". Wörtlich genommen muß man beides als Utopie bezeichnen, aber der Entwicklungstrend geht sicher zur "automatischen Fertigung" und zum "rechnerunterstützten Büro". Forschung bedarf der Perspektive, Forschung benötigt aber auch die Rückkopplung zur Praxis - insbesondere im Bereich der Produktionstechnik und der Arbeitswissenschaft.

Für eine Industriegesellschaft hat die Produktionstechnik eine Schlüsselstellung. Mechanisierung und Automatisierung haben es uns in den letzten Jahren erlaubt, die Produktivität unserer Wirtschaft ständig zu verbessern. In der Vergangenheit stand dabei die Leistungssteigerung einzelner Maschinen und Verfahren im Vordergrund. Heute wissen wir, daß wir das Zusammenspiel der verschiedenen Unternehmensbereiche stärker beachten müssen. In der Fertigung selbst konzipieren wir flexible Fertigungssysteme, die viele verkettete Einzelmaschinen beinhalten. Dort, wo es Produkt und Produktionsprogramm zulassen, denken wir intensiv über die Verknüpfung von Konstruktion, Arbeitsvorbereitung, Fertigung und Qualitätskontrolle nach. Rechnerunterstützte Informationssysteme helfen dabei und sollen zum CIM (Computer Integrated Manufacturing) führen und CAD (Computer Aided Design) und CAM (Computer Aided Manufacturing) vereinen. Auch die Büroarbeit wird neu durchdacht und mit Hilfe vernetzter Computersysteme teilweise automatisiert und mit den anderen Unternehmensfunktionen verbunden. Information ist zu einem Produktionsfaktor geworden, und die Art und Weise, wie man damit umgeht, wird mit über den Unternehmenserfolg entscheiden.

Der Erfolg in unseren Unternehmen hängt auch in der Zukunft entscheidend von den dort arbeitenden Menschen ab. Rationalisierung und Automatisierung müssen deshalb im Zusammenhang mit Fragen der Arbeitsgestaltung betrieben werden, unter Berücksichtigung der Bedürfnisse der Mitarbeiter und unter Beachtung der erforderlichen Qualifikationen. Investitionen in Maschinen und Anlagen müssen deshalb in der Produktion wie im Büro durch Investitionen in die Qualifikation der Mitarbeiter begleitet werden. Bereits im Planungsstadium müssen Technik, Organisation und Soziales integrativ betrachtet und mit gleichrangigen Gestaltungszielen belegt werden.

Von wissenschaftlicher Seite muß dieses Bemühen durch die Entwicklung von Methoden und Vorgehensweisen zur systematischen Analyse und Verbesserung des Systems Produktionsbetrieb einschließlich der erforderlichen Dienstleistungsfunktionen unterstützt werden. Die Ingenieure sind hier gefordert, in enger Zusammenarbeit mit anderen Disziplinen, z. B. der Informatik, der Wirtschaftswissenschaften und der Arbeitswissenschaft, Lösungen zu erarbeiten, die den veränderten Randbedingungen Rechnung tragen.

Beispielhaft sei hier an den großen Bereich der Informationsverarbeitung im Betrieb erinnert, der von der Angebotserstellung über Konstruktion und Arbeitsvorbereitung, bis hin zur Fertigungssteuerung und Qualitätskontrolle reicht. Beim Materialfluß geht es um die richtige Auswahl und den Einsatz von Fördermitteln sowie Anordnung und Ausstattung von Lagern. Große Aufmerksamkeit wird in nächster Zukunft auch der weiteren Automatisierung der Handhabung von Werkstücken und Werkzeugen sowie der Montage von Produkten geschenkt werden.

Von der Forschung muß in diesem Zusammenhang ein Beitrag zum Einsatz fortschrittlicher intelligenter Computersysteme erfolgen. Planungsprozesse müssen durch Softwaresysteme unterstützt und Arbeitsbedingungen wissenschaftlich analysiert und neu gestaltet werden.

Die von den Herausgebern geleiteten Institute, das

- Institut für Industrielle Fertigung und Fabrikbetrieb der Universität Stuttgart (IFF),

- Fraunhofer-Institut für Produktionstechnik und Automatisierung (IPA),

- Fraunhofer-Institut für Arbeitswirtschaft und Organisation (IAO)

arbeiten in grundlegender und angewandter Forschung intensiv an den oben aufgezeigten Entwicklungen mit. Die Ausstattung der Labors und die Qualifikation der Mitarbeiter haben bereits in der Vergangenheit zu Forschungsergebnissen geführt, die für die Praxis von großem Wert waren. Zur Umsetzung gewonnener Erkenntnisse wird die Schriftenreihe "IPA-IAO - Forschung und Praxis" herausgegeben. Der vorliegende Band setzt diese Reihe fort. Eine Übersicht über bisher erschienene Titel wird am Schluß dieses Buches gegeben.

Dem Verfasser sei für die geleistete Arbeit gedankt, dem Springer-Verlag für die Aufnahme dieser Schriftenreihe in seine Angebotspalette und der Druckerei für saubere und zügige Ausführung. Möge das Buch von der Fachwelt gut aufgenommen werden.

H. J. Warnecke · H.-J. Bullinger

Vorwort

Die vorliegende Arbeit entstand während meiner Tätigkeit am Fraunhofer-Institut für Lebensmitteltechnologie und Verpackung (ILV), München, in Zusammenarbeit mit dem Fraunhofer-Institut für Produktionstechnik und Automatisierung (IPA) in Stuttgart und dem Institut für Industrielle Fertigung und Fabrikbetrieb (IFF) der Universität Stuttgart.

Ich bedanke mich bei Herrn Prof. Dr.-Ing. H.-J. Warnecke, dem Leiter des IPA und IFF, für das Interesse, das er meiner Arbeit entgegenbrachte, die Übernahme des Hauptreferates und die gute Zusammenarbeit.

Herrn Prof. Dr. G. Schricker, der das ILV bis 1986 leitete, danke ich für für die Bereitstellung der notwendigen Mittel und Einrichtungen, für zahlreiche Anregungen und für die Übernahme des Koreferates.

Herrn Dr.-Ing. H. J. Hohmann, dem Leiter der Hauptabteilung "Verpackung" am ILV, danke ich für die Themenstellung, für die Betreuung der gesamten Arbeit und für seine stets konstruktive Kritik.

Der Firma Otto Hänsel GmbH, Hannover, danke ich für den Bau der Versuchsschneideinrichtung, Herrn E. Detterbeck für die präzise Fertigung der Kraftmeßeinrichtung und zahlreiche Ratschläge, Frau Ute Kalmbach für die genaue und aufmerksame Durchführung der Versuche, Frau M. Mayer für viele meßtechnische Anregungen, Herrn Dr. M. Korn für die Übersetzung der Arbeit Suchenkos aus dem Russischen, Frau I. Peters für die photographischen und der Firma Hueck & Cie KG, Weiden, für die reprographischen Arbeiten.

Meiner Schwiegermutter, meiner Mutter und meiner Frau Annette danke ich für die präzise Korrektur des Manuskripts.

Die Versuche wurden im wesentlichen im Rahmen dreier Forschungsvorhaben durchgeführt, die von der Arbeitsgemeinschaft Industrieller Forschungseinrichtungen e.V. (AIF), Köln, und von der Industrievereinigung für Lebensmitteltechnologie und Verpackung e.V. (IVLV), München, bezuschußt wurden.

München, 1988 Thomas Hülsmann

Inhalt

0. Terminologie, Abkürzungen, Formelzeichen

Die Fachterminologie nach DIN 8580 /1/, 8588 /2/, 50281 /3/, 50320 /4/ und 50321 /5/ wird verwendet. In Anlehnung an den Sprachgebrauch in der Fachliteratur wird jedoch

der lineare Verschleißbetrag	in	Verschleißtiefe,
die Länge der verschleißenden Fläche in Gleitrichtung	in	Verschleißhöhe,
der planimetrische Verschleißbetrag	in	Verschleißfläche,
die Tribokontaktfläche	in	Berührungsfläche

umbenannt.

Die Bezeichnung der verschiedenen Schneidverfahren erfolgt nach Hombach und Sturm /6/.

Formelzeichen und Abkürzungen:

A	Auflagerpunkt des Übertragungshebels
AB	Außenbereich
A_B	Berührungsfläche
A_w	Verschleißfläche
b	Bahnbreite
b_s	Schneidenlänge
B	Drehachse des Obermesserhalters
c	Abstand zwischen B und Q
C,D,E,F,G	ausgezeichnete Punkte der Bewegungskurve des Obermesserpunktes Q
D	Konstante zur Verschleißberechnung
e	Abstand zwischen Angriffspunkt von F_{An} und B
f	Abstand zwischen B und UM-Schneide
F_{Ab}	Abdrängkraft
F_{An}	Anlagekraft
$F_{Kx,y,z}$	Reaktionskraft in den Kraftmeßelementen in x-, y-, z-Richtung
F_N	Normalkraft zwischen OM und UM
F_R	Reibungskraft zwischen OM und UM
F_{Sy}, F_{Sz}	Schneidkraftkomponente in y-, z-Richtung
$F_{N,UM}$	Normalkraft zwischen Ps und UM
$F_{R,UM}$	Reibungskraft zwischen Ps und UM
$F_{N,OM}$	Normalkraft zwischen Ps und OM

$F_{R,OM}$	Reibungskraft zwischen Ps und OM
h	Verschleißhöhe
dh/dx	Gradient der Verschleißhöhe
h_G	Grathöhe
$\overline{h_G}$	mittlere Grathöhe
HB	Brinellhärte des Messerwerkstoffs
HRC	Rockwellhärte (C) des Messerwerkstoffs
I	innere Bahnkante
IB	Innenbereich
IÜ	inneres Übergangsgebiet
J_B	Massenträgheitsmoment von OM und Obermesserhalter, auf B bezogen
k	Konstante zur Verschleißberechnung
K	Kreuzungspunkt der Schneiden
L_B	Drall des OM bezogen auf B
m·g	Gewicht der Packstoffbahn
M	gemittelter Massenschwerpunkt von OM und Obermesserhalter
MS	Messerspitze
MZ	Messerzunge
M_B	Moment um B
n	Anzahl der gefertigten Nutzen bzw. Schnitte
o.T.	oberer Totpunkt der Schneidbewegung
O,P,Q,R	ausgezeichnete Schneidenpunkte des OM und des UM
OM	Obermesser; auf das OM bezogen; am OM gemessen
p_O	nominale Flächenpressung
Ps	Packstoffbahn
q	Reibweglänge
Q_S	Schnittkantenqualität
$\vec{r}_{BM}$	Vektor von B nach M
$\ddot{\vec{r}}_B$	Vektor der Beschleunigung der Achse B
r	Schneidspalt zwischen OM und UM
R_z	Schartigkeit (Rautiefe)
s	Packstoffdicke
S	Schneidpunkt am Obermesser
S'	Schneidpunkt am Untermesser
Si	Sicherheit
SB	Schneidbereich

s_o	verschleißfreie Schneide
s_N	Schneide bei Erreichen der Standzeit
t	Verschleißtiefe
dt/dx	Gradient der Verschleißtiefe
T	Standzeit
du	Dicke der verschleißenden Werkstoffschicht
u.T.	unterer Totpunkt
U	Spannungsabfall zwischen OM und UM
UM	Untermesser, auf das UM bezogen, am UM gemessen
v_s	Schneidgeschwindigkeit
v'_s	eigentliche Schneidgeschwindigkeit
v_v	Vorschubgeschwindigkeit der Bahn
Δx	Betrag der seitlichen Bahnbewegungen
x,y,z	Koordinatenrichtungen
Ä	äußere Bahnkante
ÄÜ	äußeres Übergangsgebiet
α	Freiwinkel
β	Keilwinkel
β'	tatsächlicher Keilwinkel
γ	Druck- (oder Span-)winkel
ε	Drehwinkel des OM um B
$\dot{\varepsilon}$	Drehgeschwindigkeit des OM um B
$\ddot{\varepsilon}$	Drehbeschleunigung des OM um B
κ	Konstante zur Verschleißberechnung
μ_{KM}	Gleitreibungskoeffizient zwischen Ps und OM oder UM
μ_{MM}	Gleitreibungskoeffizient zwischen OM und UM
ρ	relativer Schneidspalt
τ	Zeit
τ_s	Scherfestigkeit
$\Delta\tau_k$	Dauer der Unterbrechung des elektr.Kontaktes
$\Delta\tau_b$	Dauer der einzelnen Gleitbeanspruchung
ϕ	Eingriffswinkel
χ	Verschleißwinkel
$\chi^{IÜ}$, $\chi^{ÄÜ}$	Verschleißwinkel im inneren, äußeren Übergangsgebiet
χ_{max}	maximaler Verschleißwinkel
χ_{grenz}	Grenzwert des Verschleißwinkels
ψ	Schränkungswinkel
$\psi^{Ü}$	Schränkungswinkel im inneren Übergangsgebiet

1. Einleitung

Durch den technischen Fortschritt und die zunehmenden Anforderungen an die Verpackungen verändert sich auch die Verfahrenstechnik des maschinellen Verpackens. Neuere Maschinenentwicklungen sind gekennzeichnet durch hohe Automatisierungsgrade, eine Vielzahl von Überwachungsfunktionen, Regeleinrichtungen, vorprogrammierbare und elektronisch gesteuerte Verstellvorrichtungen für verschiedene Pakkungsgrößen und steigende Produktionsraten. Ein weiteres Merkmal ist die Vernetzung einzelner Automaten zu Verpackungslinien und -straßen.

Die sehr großen Lose vollkommen gleicher Packungen machen hohe Produktionsraten wirtschaftlich; 1200 gefüllte Packungen pro Minute sind heute keine Seltenheit. Zu einer solchen Ausbringung sind nur hochspezialisierte Maschinen fähig, deren Flexibilität jedoch gering ist und die dann nur einen Verpackungstyp mit wenigen Varianten in einem bestimmten Formatbereich herstellen können. Auf dem Verpackungsmaschinenmarkt wird daher eine große Zahl unterschiedlicher Maschinentypen angeboten. Der Sondermaschinenbau hat große Bedeutung.

Trotz dieser Vielfalt ähneln sich die Maschinen, weil sie alle auf denselben verfahrenstechnischen Grundoperationen aufbauen; jeder Verpackungsvorgang setzt sich nämlich aus einer Folge dieser Operationen zusammen. Dies haben Mot /10/ und Hohmann /7/ am Beispiel einer vertikalen Schlauchbeutelmaschine beschrieben (Bild 1.1). Dort wird der Packstoff von der Vorratsrolle abgewickelt (1), mit konstanter Bahnspannung zur Formschulter transportiert (2), zu einem Schlauch geformt (3), an der Längsnaht heißgesiegelt (4), mit dem dosierten (5) Produkt gefüllt (6), an der Kopfnaht zusammen mit der Bodennaht des nächsten Beutels quergesiegelt (7) und schließlich abgeschnitten (8). Der Vorzug der Bahn (9) erfolgt in diesem Beispiel durch die Abwärtsbewegung der geschlossenen Quersiegelwerkzeuge. Jeder Grundoperation entspricht eine Verarbeitungsstation in der Maschine, in der dafür typische Werkzeuge und Maschinenelemente arbeiten. Es werden auch mehrere Grundoperationen in einer Station zusammengefaßt, hier das Vorziehen (9), Quersiegeln (7) und Abtrennen des Beutels (8).

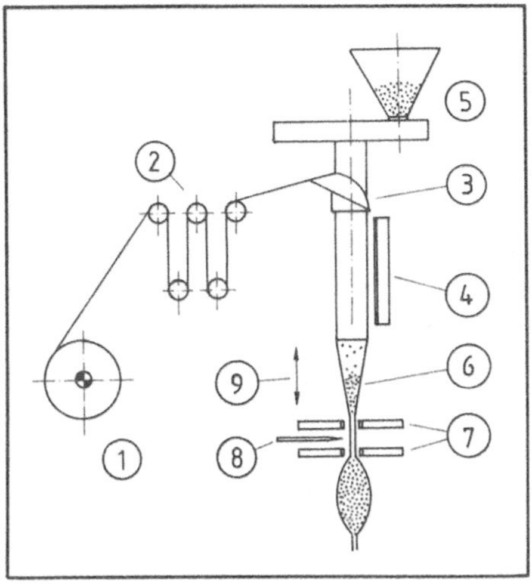

Bild 1.1: Verfahrenstechnische Grundoperationen in einer vertikalen Schlauchbeutelmaschine nach /7,10/.

Die hohen Produktionsraten und großen Lose erfordern zuverlässige und standfeste Maschinenelemente. Für deren funktionsgerechte Gestaltung liegen jedoch bis heute nur wenig Unterlagen vor. Das gilt nicht so sehr für die Maschinenelemente, die z.B. auch in den Maschinen der bahnförmige Güter herstellenden und veredelnden Industrie eingesetzt werden, als vielmehr für jene, die besonders typisch für den Verpackungsmaschinenbau sind; dazu gehören Tänzer- und Bahnspeichersysteme für den intermittierenden Betrieb, Formschultern, -kästen und -dreiecke, Heißsiegel- und Schweißwerkzeuge, Vorzugeinrichtungen, Stanz- und Schneidvorrichtungen, Dosiersysteme für alle Arten von Füllgütern, Signier- und Etikettiervorrichtungen und andere mehr.

Die Erarbeitung von Konstruktionsunterlagen für diesen Bereich der Maschinenentwicklung ist ein Ziel der Arbeitsgruppe "Verfahrenstechnik des maschinellen Verpackens" im Fraunhofer-Institut für Lebensmitteltechnologie und Verpackung, München. Die vorliegende Arbeit behandelt die Grundoperation des Schneidens, im besonderen die des Querschneidens nach dem sog. Guillotinenverfahren.

2. Untersuchungsobjekt, Problemstellung, Abgrenzung und Lösungsweg

Querschneideeinrichtungen in Verpackungsmaschinen sind die Ursache häufiger Störungen des Abpackvorganges; unsaubere Schnittkanten oder nicht vollständig von der Packstoffbahn getrennte Nutzen behindern die Funktion der den Messern nachgeordneten Transportorgane bis zum möglichen Stillstand der Maschine. Der Austausch der Messer und die Reinigung der Maschine von Packstoffresten gehen auf Kosten der Produktion, vor allem dann, wenn in Verpackungsstraßen integrierte Maschineneinheiten betroffen sind. Dies bestätigen eine Umfrage und Diskussionen mit einschlägigen Industriebetrieben /8,9/. Insbesondere das sog. Guillotinenschneidverfahren bereite solche Schwierigkeiten, weil die Messer oft schon nach überraschend kurzer Standzeit versagen. Die Standzeiten der Messer streuen stark und werden oft schon nach wenigen Stunden, manchmal aber auch erst nach mehreren Jahren erreicht.

Zellglasfolien stellen angeblich keine besonderen Anforderungen an die Schneidsituation, während Verpackungsfolien aus Kunststoff wie Polypropylenfolien, Polyamid - Polyethylen - Verbunde und mit Titan-Dioxid gefüllte Polyethylenfolien wiederholt Probleme bereiten. Es bestehe in der Auslegung der Schneidsysteme noch eine große Unsicherheit hinsichtlich der Wahl der Gestaltungsparameter der einzusetzenden Messer, wie z.B. der günstigsten Schliff- und Einstellwinkel, der Anlagekraft (Tabelle 2.1) und hinsichtlich der Bewertung des Einflusses der verschiedenen Packstofftypen auf den Messerverschleiß.

Uneinigkeit herrscht auch in bezug auf die Kriterien, nach denen der Schneidenzustand der Messer zu bewerten ist. Bisher werden die Messer ausschließlich subjektiv beurteilt: die Messerschneiden werden mit dem Daumen oder Fingernagel abgetastet, die Schnittkanten auf Ausreißer, Rauhigkeit, Welligkeit und Maßhaltigkeit geprüft, oder der Staub- und Flusenanfall oder sogar die Geräuschentwicklung beobachtet. Oft wendet man mehrere Verfahren gleichzeitig an. Diese Kriterien genügen den Anforderungen des Guillotinenschneidverfahrens offensichtlich nicht, denn häufig ist erst eine Produktionsstörung Anlaß zum Messerwechsel.

Tabelle 2.1: Schwankungsbereich der Einstellwerte wichtiger Verfahrensparameter in Guillotinenquerschneidern. Quelle: /8,9/

Verfahrensparameter	Einstellwert
Keilwinkel	15° bis 90°
Freiwinkel	bis 20°, häufig 0°
Eingriffswinkel	2° bis 8°
Schränkungswinkel	0' bis 30'
Anlagekraft	keine Zahlenwerte bekannt
Schneidspalt	0
Schneidgeschwindigkeit	keine Zahlenwerte bekannt
Ober-/Untermesser	gleiche und verschiedene Geometrie, gleiche und verschiedene Werkstoffe
Schneide	fein abgezogen bis nicht entgratet
Einbau- und Fertigungstoleranz	1/100 mm bzw. 1' bis ohne Angabe
Werkstoff	verschiedene Stähle und Hartmetalle, mit und ohne Beschichtungen, verschiedene Oberflächenbehandlungen, verschiedene Härtegrade

Zielsetzung der vorliegenden Arbeit ist es daher, die zum Verschleiß der Messer und zum Versagen der Schneideinrichtung führenden Vorgänge aufzuklären, und die Maßnahmen abzuleiten, die einen zuverlässigen und störungsfreien Betrieb der Querscheidestationen in Verpackungsmaschinen ermöglichen. Im Vordergrund stehen dabei Maßnahmen zur Verlängerung der Messerstandzeiten beim Guillotinenquerschneiden flexibler Kunststoffolien und aus diesen zusammengesetzter Verbunde.

Die Eigenschaften der Messerwerkstoffe sind nicht Gegenstand der Arbeit, weil ihre Bedeutung erst nach der Klärung der tribologischen Beanspruchungen zu beurteilen ist. Eine weitere Eingrenzung betrifft die in die Versuche einbezogenen Packstoffe. Abgesehen von heißsiegelfähigen Schichten waren sie frei von partiell abrasiv wirkenden Druckfarben, von Kaltsiegelklebern und von anderen Beschichtungen. Ihre Dicke betrug weniger als 0,1 mm, da dickere

Folien vorwiegend für tiefgezogene Behälter verwendet werden, die einen Stanz- oder Bandstahlschnitt erfordern.

Zur Lösung des beschriebenen Problems wird zuerst in Veröffentlichungen nach Hinweisen auf den Verschleiß- und Versagensvorgang von Guillotinenquerschneidern gesucht (Kap.3). Aus der anschliessenden Analyse des Verfahrens nach verschiedenen Gesichtspunkten werden einige wesentliche Zusammenhänge abgeleitet (Kap.4). Danach wird auf experimentellem Wege der Einfluß als wichtig erachteter Verfahrensparameter auf die Messerstandzeit untersucht (Kap.6). In einem letzten Schritt werden mit der Modellmethode die beobachteten Phänomene und festgestellten Abhängigkeiten erklärt, wobei nochmals neue Erkenntnisse abgeleitet und experimentell überprüft werden (Kap.7). Die Diskussion der gefundenen Möglichkeiten, die Messerstandzeiten in Guillotinenquerschneidern zu verlängern, beschließt die Arbeit (Kap.8).

3. Stand des Wissens

3.1 Einordnung

Das Guillotinenquerschneiden gehört zu den mechanischen Trenn- und speziell zu den Zerteilverfahren, für die in DIN 8580 /1/ und 8588 /10/ eine Unterteilung nach verfahrenstechnischen Merkmalen und eine gemeinsame Terminologie vorgeschlagen werden. Es ist demnach ein zum Querschneiden (nach DIN 8588 /10/: Abschneiden) geeignetes Scherschneidverfahren mit einer geraden Schnittlinie, dessen besonderes Kennzeichen die gekreuzten Schneiden sind. Seine genaue Bezeichnung nach DIN 8588 /10/ lautet:

- einhubiges Abschneiden durch Scherschneiden ziehend - kreuzend,

die es zusätzlich durch die folgende Ordnungsnummer kennzeichnet:

- 3.1.1.1.6.

Die Ordnungsmerkmale der DIN 8588 genügen aber nicht, um die bekannten Verfahren eindeutig zu benennen, zumal es z.B. zwischen dem Scher- und dem Keilschneiden auch fließende Übergänge gibt. Im folgenden wird daher die in der Verpackungstechnik übliche Terminologie nach Hombach und Sturm /6/ verwendet (Bild 3.1).

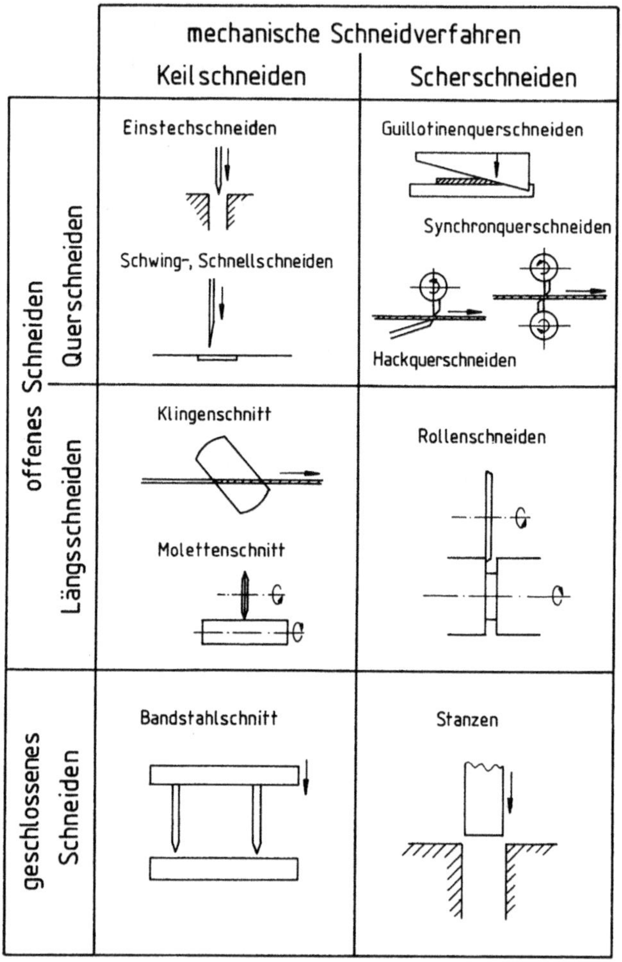

Bild 3.1: Zum maschinellen Schneiden flexibler Packstoffe geeignete mechanische Zerteilverfahren nach Hombach und Sturm /6/.

3.2 Konkurrierende Schneidverfahren

Es gibt eine Vielzahl nicht nur mechanischer Zerteilverfahren, die zum Schneiden flexibler Packstoffe eingesetzt werden, und die daher grundsätzlich geeignet sind, das Guillotinenquerschneiden seiner geschilderten Probleme wegen zu ersetzen. Obwohl eine Zuordnung der verschiedenen Scher- und Keilschneidverfahren zu bestimmten Packstoffen nicht besteht, konkurrieren diese Verfahren nicht untereinander, da die Scherschneidverfahren hinsichtlich Schneidgeschwindigkeit, Standzeit und Schnittkantenqualität als leistungsfähiger beurteilt /6/ und daher vorzugsweise auf sehr schnell laufenden Maschinen eingesetzt werden.

Scherschneidverfahren, die Schnitte quer zur Maschinenlaufrichtung herstellen, sind das Guillotinen-, das "Hack"- und das Synchron- oder Gleichlaufquerschneiden. Letzteres eignet sich wegen seines hohen antriebstechnischen Aufwands für Verpackungsmaschinen nicht. Außerdem können damit nur Kunststoffolien von mehr als 0,08 mm Dicke geschnitten werden /11/. Das Guillotinenquerschneiden wird in Maschinen mit intermittierendem, das Hackquerschneiden in solchen mit kontinuierlichem Packstoffvorschub eingesetzt.

Das Laser- und das Wasserstrahlschneiden konkurrieren wegen ihrer hohen Anschaffungs- und Betriebskosten nur dann mit den mechanischen Schneidverfahren, wenn krumme Schnittlinien zu fertigen oder hochfeste Kunststoffe und sehr empfindliche Materialien zu schneiden sind /12,13,14/. Das Trennschweißen ist auf langsam arbeitende Maschinen beschränkt /15/. Die Anwendung des Ultraschallschneidens in Verpackungsmaschinen wurde noch nicht untersucht.

Es existiert also derzeit noch kein Zerteilverfahren, welches - zu wirtschaftlichen Bedingungen - das Guillotinenquerschneiden auf schnell laufenden, intermittierend arbeitenden Verpackungsmaschinen ersetzen kann.

3.3 Das Guillotinenquerschneiden

Obwohl das Guillotinenquerschneiden in großem Umfang in Verpackungsmaschinen angewendet wird, wurde es wissenschaftlich bisher nicht untersucht. Hingegen ist die Zahl der Veröffentlichungen über andere Zerteilverfahren aus allen Bereichen der Technik zum Teil außerordentlich groß. Daher ist zu prüfen, ob und in welchem Maß die Ergebnisse von Untersuchungen an vergleichbaren Zerteilverfahren auf das Guillotinenquerschneiden übertragbar sind und die geschilderten Probleme zu lösen vermögen. Hierzu werden im folgenden zunächst die Zerteilverfahren, die dem Guillotinenverfahren vergleichbar sind und über die einschlägige Untersuchungen vorliegen, im Hinblick auf ihre "zentralen Punkte der Schneidtechnik" /16/, nämlich die Verschleißvorgänge, den Trenn- und Versagensmechanimus und die Beurteilungskriterien dargestellt. Daran anschließend (Kap. 4) soll das Guillotinenschneidverfahren analysiert, das vorhandene Wissen soweit wie möglich darauf angewandt und festgestellt werden, was zu untersuchen übrig bleibt. Dem sind einige Bemerkungen zum Problem der Übertragbarkeit von Erkenntnissen über Verschleißvorgänge und zur Trennmechanik vorangestellt.

Die Frage der Übertragbarkeit spielt in der Tribologie bei der Untersuchung von Verschleißvorgängen eine bedeutende Rolle. Da Verschleißvorgänge von einer Vielzahl von Parametern und Mechanismen beeinflußt werden, können Ergebnisse aus Verschleißversuchen auf andere Untersuchungen oder vom Modell auf die Praxis erst nach genauer Analyse der zu vergleichenden Systeme und bei Erfüllung einer Reihe wichtiger Kriterien übertragen werden /17,18,19/. Solche Kriterien betreffen z.B. die Systemstruktur, das Beanspruchungskollektiv und die Verschleißerscheinungsform. Eine besondere Schwierigkeit besteht außerdem darin, daß sich die zu untersuchenden Systeme durch den Verschleiß verändern /20/.

Grundsätzlich ist der Trennmechanismus bei scherender Belastung in Kunststoffen, Kunststoffolien, Papieren und Pappen unabhängig vom Schneidverfahren derselbe, wie ihn Timmerbeil /21/, Crasemann /22/, Stromberger und Thomsen /23/ und Eckstein /24/ für das Schneiden und Stanzen von Metallen beschrieben haben; denn das

Aussehen der Schnittflächen und der charakteristische Verlauf der Schneidkräfte lassen sich durch die Analyse der auftretenden Spannungen und die Anwendung der Schubspannungshypothese in Verbindung mit den Werkstoffeigenschaften der Schnittgüter erklären /6,16,21-26/.

Für die Praxis hat der theoretisch abgeleitete Trennvorgang im allgemeinen aber nur geringe Bedeutung; denn zum einen sind - zumindest in der Metallbearbeitung - die empirisch aufgestellten Schneidkraftformeln die genaueren /24/. Zum anderen ist der Zusammenhang zwischen den Schneidparametern, dem Verschleiß und den Größen, die eine Beurteilung des Schneidergebnisses erlauben, im allgemeinen nur empirisch feststellbar. Solche Beurteilungsgrößen sind die Rautiefe spanend hergestellter Kunststoff-Werkstücke /26/, die Grathöhe an längsgeschnittenen Aluminiumbändern /27/ und gestanzten Stahlblechen /28/, die Rauhigkeit und die Formatabweichung gestanzter Löcher in Kunststoffplatten /29/, die Schnittkantenqualität von Kunststoffolien nach dem Rollenschneiden /16/ und die Schnittkantenqualität und Staubbildung beim Schneiden von Papieren und Pappen /30,31,32/.

3.4 Haushaltsscheren

In einer empirischen Untersuchung von Haushaltsscheren, die den Guillotinenquerschneidern in hohem Maße ähneln, fand Stüdemann /33/, daß die Größe der sog. Schließkraft mit der Anzahl der Schnitte deutlich abnimmt und in geringem Maße von der Art des Schnittgutes beeinflußt wird. Eine Erklärung für dieses Phänomen gab er nicht.

3.5 Hackquerschneider

In mehreren Dauerschneidversuchen unter Produktionsbedingungen mit einem Hackquerschneider für paraffiniertes Papier beobachtete Suchenko /34/ den Verschleiß des rotierenden Obermessers. Dessen Schneide wurde in einer charakteristischen Weise durch die Reibung am stillstehenden Untermesser abgerundet, wobei der Betrag des Verschleißes in dem Bereich, in dem die Papierbahn geschnitten wurde, regelmäßig 2,4 mal geringer als außerhalb davon war. Dieses Phänomen, daß bestimmte Schnittgüter entweder keinen feststellbaren Verschleiß an den Werkzeugen verursachen, oder sogar den durch deren Reibung aneinander entstehenden Verschleiß vermindern, war vor ihm noch nicht beschrieben worden. Er zog daraus den Schluß, daß praxisgemäße Untersuchungen an Schneideinrichtungen grundsätzlich nur unter Produktionsbedingungen gefahren werden dürfen. Nach 5,5 bis 6,5 Millionen Schnitten beendeten in seinen Versuchen nicht näher beschriebene Ereignisse die Standzeit. Den in diesem Moment festgestellten linearen Verschleißbetrag von 0,3 mm empfiehlt Suchenko als Standzeitkriterium.

3.6 Synchronquerschneider

Solange nicht abrasiv wirkende Füllstoffe im Papier selbst oder Pigmente bzw. Bestandteile des Papierstrichs die Schneide abrunden /6/, spiele der Verschleiß in Synchronquerschneidern keine Rolle, da er durch das Nachstellen der Messer ausgeglichen werden könne /35/. Weniger infolge Verschleißes als wegen der schwer zu kontrollierenden Kontaktverhältnisse zwischen den Messern entstehen Schneidstaub und faserige Schnittkanten. Nach diesen beiden Größen werden deshalb die Messer im Betrieb beurteilt /32,35,36,37,38/.

3.7 Rollenscheren

Im Gegensatz zu den genannten Querschneideverfahren sind die Vorgänge beim Rollenschneiden von Papieren, Kunststoffolien und dünnen Aluminiumbändern durch die Arbeiten von Schulze /27/, Feiler /16/, Hombach und Sturm /6/ und Anstice /30/ weitgehend geklärt:

Demnach verschleißen die beiden Kreismesser ("Topf" und "Teller") durch ihre Reibung aneinander, weil sie federnd aufeinander gedrückt werden. Infolgedessen werden sie zwar stumpfwinkliger, bleiben aber im Sinne eines kleinen Schneidenradius scharf /16,30/.

Bei niedrigen Anlagekräften, kleinen Schränkungswinkeln und großen Überlappungen (auch Eintauchtiefe genannt; sie ist dem Eingriffswinkel beim Guillotinenquerschneider vergleichbar) seien die Verformungen der Schneiden geringer und deshalb längere Messerstandzeiten möglich, beobachtete Anstice /30/. Nach Feiler /16/ verschlechtern diese Maßnahmen jedoch die Schnittkantenqualität, weil sich dann der Einfluß der Taumelbewegungen des Obermessers verstärke. Bei kleiner Überlappung steige außerdem die Gefahr von Schneidenausbrüchen /16/. In neueren Schneideinrichtungen bemüht man sich um eine taumelfreie Lagerung des Obermessers /39/. Der Einfluß des Verhältnisses der Drehgeschwindigkeit des Ober- zu der des Untermessers wird widersprüchlich dargestellt /6,16,40/, der der Schneidgeschwindigkeit wird als gering eingeschätzt /6,16/.

Hinsichtlich des Einflusses der Schnittgüter auf den Verschleiß fand Anstice /30/, daß abrasiv wirkende Füllstoffe im Papier den Reibverschleiß verstärken, da sie in den Berührungsbereich der Messer geraten. Darüber hinaus können sie einen zweiten, überlagerten Verschleißvorgang, nämlich eine Abrundung der Schneiden verursachen /6/. Diesen Einfluß kann man mit einem Kurzprüfverfahren abschätzen /41/. Den Einfluß von Kunststoffolien auf den Verschleiß konnte Feiler /16/ nicht feststellen, weil er die Härte der Messer vermindert hatte, um die Versuchsdauer zu verkürzen.

Die Rollenscheren versagen, wenn der Verschleiß so groß ist, daß im Kreuzungspunkt der Schneiden ein Schneidspalt entsteht, in den das Schnittgut hineingezogen und zerrissen statt geschert wird /30/; denn dann sinkt beim Schneiden von Kunststoffolien und Papieren deren Schnittkantenqualität unzulässig ab /16/. An Papieren und Pappen fällt überdies noch mehr Schneidstaub an, weshalb auch dieser als Maß für die Schnittkantenqualität herangezogen wird /6,32,38/. Auf der Schnittkante von Aluminiumbändern entsteht stattdessen ein Grat /27/. Der Verschleißzustand des Kreismesserpaares wird deshalb - je nach Schnittgut - nach einem der drei Standzeitkriterien Schnittkantenqualität, Staubanfall oder Höhe des Grates am Schnittgut beurteilt.

Der Zusammenhang zwischen den Beurteilungs- und den Verschleißmeßgrößen wurde immer nur empirisch erfaßt. Als einziger konnte Anstice /30/ zeigen, daß beim Schneiden von Papieren dann, wenn der durch Verschleiß zwischen den Schneiden entstehende Spalt einen bestimmten

Anteil der Papierdicke überschreitet, die Schnittkantenqualität maßgeblich reduziert wird. Deshalb ist - gleiche Verschleißentwicklung vorausgesetzt - beim Schneiden dünner Papiere die Messerstandzeit kürzer als bei dicken Papieren.

Verschleißversuche an Werkzeugen werden, wenn man Ergebnisse erhalten will, die auf die industrielle Praxis übertragbar sein sollen, vorzugsweise unter Betriebsbedingungen durchgeführt. Um im Versuch nicht große Mengen Material verbrauchen zu müssen, simulierte Anstice /30/ in einer Laborrollenschere den Einfluß des zu schneidenden Papiers auf den Verschleiß durch aufgewirbelten Papierstaub. Nur zum Feststellen der Schnittkantenqualität führte er in bestimmten zeitlichen Abständen Schnitte durch verschiedene Papiersorten durch. Die Übertragbarkeit seiner Ergebnisse wies er nach, indem er die Verschleißerscheinungen und die Standzeiten seiner im Labor verschlissenen Messer mit solchen verglich, die im industriellen Einsatz waren.

3.8 Keilschneidverfahren

Untersuchungen über die verschiedenen Keilschneidverfahren könnten insofern von Bedeutung für das Guillotinenquerschneiden sein, weil oft versucht wird, die Vorteile des Keil- und des Scherschneidens zu kombinieren und deshalb die Messer von Guillotinenquerschneidern oder Kreisscheren mit Keilwinkeln von weniger als 90° zu versehen. Die Ursachen und Auswirkungen dieser Verfahrenskombination sind aber noch unbekannt. Schon die Aufzählung der verschiedenen Keilschneidverfahren würde an dieser Stelle zu großen Raum einnehmen. In /6,14,16,32,42-47/ sind diese ausführlich diskutiert.

Der Vorteil möglichst kleiner Keilwinkel liegt bei den Keilschneidverfahren darin, daß nicht nur sehr dicke oder übereinandergestapelte Schnittgüter mit guter Schnittkantenqualität geschnitten werden können, sondern auch die Schneidkräfte und die Normal- und Reibungskräfte auf die Druckseite des Messers sinken /14,16,42,47/. Die erreichbaren Standzeiten sind mit 1000 bis 100.000 Schnitten jedoch gegenüber den mit Scherschneidverfahren erreichbaren wesentlich geringer.

Die Schneiden verschleißen bei den Keilschneidverfahren im allgemeinen im Kontakt mit dem Schnittgut, indem sie zunehmend abgerundet /45,48/ oder abgeplattet /32,43/ werden. Infolgedessen sinkt die Schnittkantenqualität /32,43,44,45/. Manche Messer versagen aber auch, indem die Schneiden partiell ausbrechen /16/.

3.9 Zerteilverfahren für dickere Kunststoffteile

Grundlegende Untersuchungen über das Zerteilen dickerer thermoplastischer Kunststoffteile liegen aus dem Bereich des Stanzens von Kunststoffplatten /29/ und des Schneidens von Kunststoffsträngen /25/ vor. Dabei wird - im Gegensatz zu den Zerteilverfahren für Metalle (Kap.3.10), aber wie beim Zerspanen von Kunststoffen /26,49,50/ - übereinstimmend der Verschleiß der Werkzeuge als ein der Schnittqualität, der Formatgenauigkeit und den Schneidkräften nachgeordnetes Beurteilungskriterium angesehen. Dementsprechend ist nur wenig über die Verschleißvorgänge beim Zerteilen dicker, thermoplastischer Kunststoffteile bekannt.

Nach Chen /29/ wird der Trennvorgang beim Stanzen von 1 bis 4 mm dicken Kunststoffplatten von der Werkstücktemperatur und der Schneidgeschwindigkeit beeinflußt. Nahe der Erweichungstemperatur fand er die günstigsten Verhältnisse, da sonst verschiedene Mechanismen wie Stauchen der Randzonen, Sprödbruch, Spanbildung, Spannungsrisse, Riefen, Schnittkantenverfärbung und Maßhaltigkeit die Verarbeitbarkeit des Schneidguts beeinträchtigen. Grundsätzlich empfiehlt er, einen möglichst kleinen Schneidspalt einzustellen.

Beim Schneiden von Kunststoffsträngen wird nach Redeker /25/ eine Mischform von Scher- und Messerschneiden realisiert, da der Keilwinkel am Obermesser zwecks niedriger Antriebsleistungen sehr klein gehalten ist. Es gelang sogar, eine Schnittkraftformel theoretisch abzuleiten und im Experiment zu bestätigen. Der Trennvorgang selbst unterscheidet sich von dem beim Scherschneiden von Kunststoffen und Metallen, ähnelt jedoch demjenigen beim Zerspanen von Kunststoffen mit sehr kleinen Keilwinkeln, wie ihn Kobajashi /49,50/ beschrieben hat.

3.10 Stanzen und Schneiden von Metallblechen und -bändern

Über die Verschleißvorgänge beim Bearbeiten von Stahlblechen auf Stanzen und Tafelscheren liegt eine Fülle ausführlicher Untersuchungen vor /z.B.:23,51-56/. Insbesondere Tafelscheren gleichen hinsichtlich der Werkzeuganordnung dem Guillotinenquerschneider; sie arbeiten aber im allgemeinen mit einem Schneidspalt, der auf 5 - 10 % der Materialdicke eingestellt wird /57/. Der Verschleiß an der Schneidkante entsteht vor allem durch das Gleiten der Randfasern des Schnittgutes über die Schneide und der frischen Schnittfläche über die Mantel- und Freiflächen der Werkzeuge. Da Werkzeug und Werkstück aus Stahl bestehen, ist der Verschleiß oft adhäsiver Art und somit sehr intensiv. Die Werkstoffpaarung ist deshalb eine wesentliche Einflußgröße. Durch den Verschleiß ändern sich die Werkzeuggeometrie und die Spannungsverteilung im Werkstück, so daß der Anteil der Bruchphase gegenüber der Einschneid- und der Gleitphase am Trennvorgang steigt, die Schnittqualität sinkt und sich am Werkstück ein Grat bildet. Die Schneiden werden in der Praxis allerdings meistens durch die Größe des Verschleißes auf der Frei- oder Druckfläche beurteilt.

3.11 Schlußbemerkung

Zusammenfassend kann man feststellen, daß zwar sehr viel Wissen über verschiedene Zerteilverfahren und auch über diejenigen existiert, die dem Guillotinenquerschneiden ähneln. Die Verschleißvorgänge sind aber von Verfahren zu Verfahren sehr unterschiedlich. Beurteilt werden die Werkzeuge und die Einstellungen der maschinenseitigen Verfahrensparameter am häufigsten nach der Qualität der erzeugten Schnittkanten oder -flächen oder einer damit korrelierenden Verschleißmeßgröße. Untersuchungen über den Einfluß der Verfahrensparameter auf die Werkzeugstandzeit aus dem Bereich des Schneidens sehr dünner Materialien sind jedoch wegen des dazu nötigen Aufwands recht selten. Ob das für verschiedene Verfahren erarbeitete Wissen, und wenn ja, in welchem Maße es auf das Guillotinenquerschneiden übertragen werden kann, ist ungeklärt.

4. Analyse des Guillotinenschneidverfahrens

4.1 Vorbemerkung

Nach der Beschreibung der wesentlichen Verfahrensmerkmale des Guillotinenschneidverfahrens und der Definition der Verfahrensparameter können die Schneidbewegung und die auftretenden Kräfte analysiert und einige wichtige Zusammenhänge abgeleitet werden. Durch Übertragung des Verschleißvorganges vom Rollenscheren auf das Guillotinenquerschneiden wird es möglich, ein einfaches Modell des mutmaßlichen Verschleißvorganges zu bilden, Einflußgrößen zu identifizieren und Fragestellungen an die vorzunehmenden Versuche zu formulieren.

4.2 Allgemeine Darstellung des Guillotinenschneidverfahrens

In handelsüblichen Verpackungsmaschinen ist das Guillotinenschneidverfahren in einer Vielzahl von Modifikationen anzutreffen. Die folgende allgemeine Darstellung bezieht sich auf eine Ausführungsform, die von der Firma Otto Hänsel für eine Bonboneinwickelmaschine /58/ entwickelt wurde, und in der vorteilhafterweise alle Verfahrensparameter unabhängig voneinander gewählt werden können und über die Schneidenlänge konstant bleiben.

Beim Guillotinenschneidverfahren wird der Nutzen von der Packstoffbahn zwischen zwei Werkzeugschneiden abgeschnitten, die sich aneinander vorbeibewegen, die gerade sind, und deren Projektion auf die Packstoffebene die beiden Bahnkanten schneidet (Bild 4.1). Das Untermesser steht still, und das Obermesser führt die Schneidbewegung mit der Schneidgeschwindigkeit v_S aus. Die Schneiden von Ober- und Untermesser kreuzen sich und schließen, wenn sie auf die x-z-Ebene projeziert werden, in ihrem Kreuzungspunkt K den sog. Eingriffswinkel ϕ ein (Bild 4.1b). Das karthesische Koordinatensystem des Bildes 4.1 ist so gewählt, daß sein Ursprung auf der Untermesserschneide liegt und die x-y-Ebene gleich der Packstoffebene ist. Der Begriff Packstoffebene wurde gewählt, da er bildhafter als die sog.

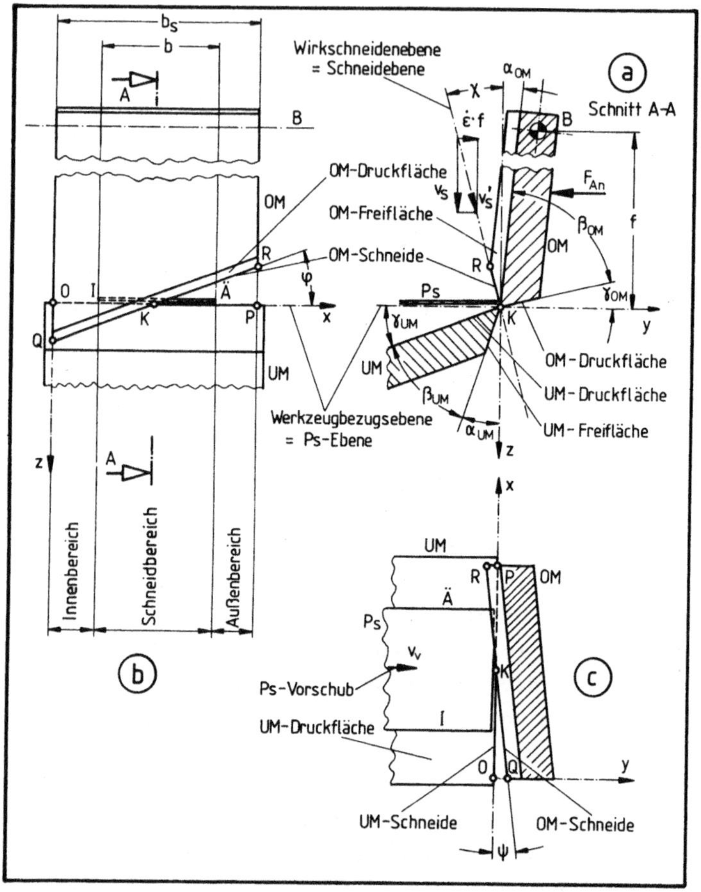

Bild 4.1: Allgemeine Darstellung des Guillotinenschneidverfahrens für dünne Schnittgüter.

Werkzeugbezugsebene nach DIN 6581 /59/ und DIN 9869 /60/ ist. Durch die gekreuzten Schneiden wird ein fortlaufender Schneidvorgang erreicht; denn die Schneiden dringen an der "inneren" Bahnkante in die Packstoffbahn ein, und der Schnitt ist erst dann beendet, wenn der Kreuzungspunkt K die "äußere" Bahnkante erreicht hat.

Während des Schnittes muß die Packstoffbahn stillstehen; danach muß das Obermesser so weit nach oben bewegt werden, daß genug Platz zwischen den Schneiden ist, um die Bahn durchzuschieben. Die intermittierende Betriebsweise ist deshalb Voraussetzung zum Einsatz des Guillotinenschneidverfahrens.

Eine wesentliche Besonderheit des Guillotinenschneidverfahrens ergibt sich daraus, daß bei sehr dünnen Schnittgütern, wie z.B. flexiblen Kunststoffolien, die Gefahr besteht, daß sie zwischen die Schneiden gezogen und dann nicht abgeschnitten werden. Dies vermeidet man an Tafelscheren und Stanzen, indem der Schneidspalt auf 5 bis 10% der Schnittgutdicke eingestellt wird (VDI-Richtlinien 3368 /57/ und 2009 /61/). Für dünne flexible Kunststoffolien darf der Schneidspalt dann nur wenige 1/1000 mm breit sein, was bisher fertigungs- und montagetechnisch kaum zu realisieren ist. Während man dieses Problem beim Stanzen nicht umgehen kann, drückt man beim Guillotinenquerschneiden stattdessen die Schneiden in ihrem Kreuzungspunkt aufeinander. Hierzu muß man zunächst für das Obermesser einen weiteren Freiheitsgrad vorsehen, indem es um die Achse B drehbar gelagert wird. Erst dann kann es mit der von außen aufgebrachten, gegen die y-Richtung wirkenden Anlagekraft F_{An} an das Untermesser angelegt werden (Bild 4.1a). Um auch noch zu vermeiden, daß sich die beiden Messer infolge fertigungs- oder montagebedingter Unebenheiten an einer beliebigen Stelle ihrer Freiflächen und nicht im Kreuzungspunkt ihrer Schneiden berühren, verschränkt man die beiden Schneiden - wie beim Rollenscheren - um den Schränkungswinkel ψ, der durch die Projektion der Schneiden auf die x-y-Ebene definiert ist (Bild 4.1c). Eine andere Möglichkeit hierzu ist es, an beiden Messern einen Freiwinkel α anzuschleifen oder einzustellen.

Zweckmäßigerweise definiert man beim Guillotinenschneidverfahren unterschiedliche Bereiche entlang der Schneiden (Bild 4.1b): Der Bereich, in dem diese den Packstoff schneiden, heiße Schneidbereich; der Bereich, der außerhalb der Schneidzone nahe der inneren Bahnkante ist, sei der Innenbereich. Analog ist der Außenbereich festgelegt.

Im Bild 4.1 sind in Anlehnung an DIN 8588 /2/, 9869 /60/ und 6581 /59/ in der y-z-Ebene (Bild 4.1a) der Freiwinkel α und Druckwinkel γ am Ober- und Untermesser definiert und außerdem die Frei- und Druckflächen beider Werkzeuge gekennzeichnet.

4.3 Analyse der Schneidbewegung

Die Analyse der Bewegungen des Obermessers gegenüber dem Untermesser während des Schneidvorgangs ist Voraussetzung zur Bestimmung der wirkenden Kräfte und der tribologischen Beanspruchung der Messer.

Die Bewegung der Obermesserschneide gegenüber dem Untermesser kann nur in der sog. Schneidebene erfolgen, d.h. in der Ebene, die von den Schneiden der beiden Messer aufgespannt wird (Bild 4.1a). Mit der x-z-Ebene schließt sie den Winkel χ ein, der aus Gründen, die weiter unten erläutert werden, Verschleißwinkel genannt wird. Dieser läßt sich aus den drei folgenden Beziehungen errechnen, die aus Bild 4.1 ableitbar sind:

$$z(R) = (x(R) - x(K)) \cdot \tan \phi \quad \text{(Bild 4.1b)}, \qquad (4.3.1)$$

$$y(R) = (x(R) - x(K)) \cdot \tan \psi \quad \text{(Bild 4.1c)}, \qquad (4.3.2)$$

$$y(R) = z(R) \cdot \tan \chi \quad \text{(Bild 4.1a)}. \qquad (4.3.3)$$

Damit gilt für den Verschleißwinkel der folgende Zusammenhang:

$$\tan \chi = \frac{\tan \psi}{\tan \phi} . \qquad (4.3.4)$$

Die Lage der Schneidebene und damit die Richtung der eigentlichen Schneidbewegung hängen also von den maschinenseitigen Verfahrensparametern Schränkungswinkel ψ und Eingriffswinkel ϕ ab.

Solange der Vektor der Schneidgeschwindigkeit v_s nicht parallel zur Schneidebene ist, überlagert sich der Bewegung des Obermessers in z-Richtung eine Drehung ε um die Achse B. Für die Drehgeschwindigkeit $\dot{\varepsilon}$ läßt sich der folgende Zusammenhang (4.3.5) aus Bild 4.1a entnehmen, wobei sich das "-"-Zeichen dadurch erklärt, daß die

Koordinate ε um die Achse B mathematisch positiv, also rechtsdrehend definiert ist:

$$\dot{\varepsilon} = - v_s \cdot \tan \chi \; / \; f \; . \qquad (4.3.5)$$

Die Geschwindigkeit v_s', mit der die beiden Schneiden in der Schneidebene aneinander vorbeigleiten, ist nach Bild 4.1a zu berechnen:

$$v_s' = v_s \; / \cos \chi \; . \qquad (4.3.6)$$

Man kann sie als die "eigentliche Schneidgeschwindigkeit" ansehen, weil damit die Obermesserschneide in das Schnittgut eindringt. Sie kann wegen (4.3.6) erheblich über v_s liegen.

4.4 Der "theoretische" Verschleiß

Mit den Mitteln der darstellenden Geometrie konnte Feiler /16/ in Rollenscheren die Veränderung der Messergestalt durch den Verschleiß ermitteln, indem er zeigte, wie sich die Form des Obermessers verändert, wenn das Untermesser darin eindringt. Im folgenden soll nun dieser von ihm sogenannte "theoretische Verschleiß" auf das Guillotinenquerschneiden übertragen werden. Die Zulässigkeit dieser Übertragung kann allerdings nur im Experiment beurteilt werden.

Die Schneiden der Messer gleiten in ihrem Kreuzungspunkt K mit der "eigentlichen" Schneidgeschwindigkeit v_s' und unter der Belastung durch die Anlagekraft F_{An} aneinander vorbei, sie reiben dort aneinander und verschleißen infolgedessen. Nimmt man an, daß der Verschleiß als stetiger Materialverlust erfolgt, so wird bei jedem Schnitt von der Freifläche aus gleichsam eine sehr dünne Schicht Werkstoff abgetragen (Bild 4.2a). Auf Kosten der Freifläche entsteht dann parallel zur Schneidebene eine neue Oberfläche an jedem Messer, die sog. verschleißende Fläche (Begriff nach DIN 50321 /5/; Bild 4.2b). Die ursprüngliche Schneide wird durch den Verschleiß weggeschliffen, die neue, "tatsächliche" Schneide bildet sich auf der

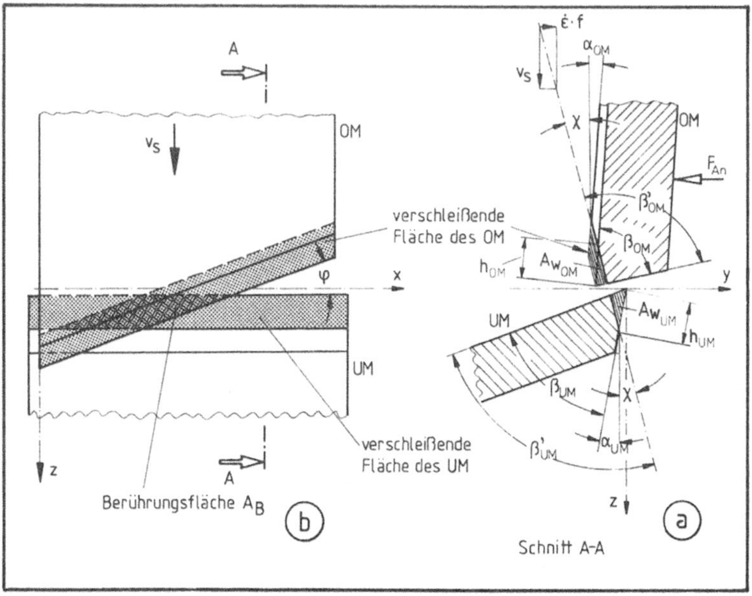

<u>Bild 4.2:</u> Zur Geometrie des Freiflächenverschleißes.
a) Seitenansicht,
b) Vorderansicht.

Druckfläche des jeweiligen Messers in einer gewissen Entfernung von der ursprünglichen aus (Bild 4.2a). Diese Entfernung wächst mit der Größe des Verschleißes und heißt "Schneidenrückgang". Im Querschnitt durch die Schneiden stellt sich das abgetragene Volumen als dreieckige Fläche, die sog. Verschleißfläche, dar (dieser Begriff ist anschaulicher als der "planimetrische Verschleißbetrag" nach DIN 50321 /5/; Bild 4.2a).

Der durch den Verschleiß entstandene neue, "tatsächliche" Keilwinkel β' errechnet sich mit Bild 4.2a:

$$\beta'_{OM} = \beta_{OM} + \alpha_{OM} + \chi = 90^{\circ} - \gamma_{OM} + \chi \quad , \qquad (4.4.1)$$

$$\beta'_{UM} = \beta_{UM} + \alpha_{UM} + \chi = 90^{\circ} - \gamma_{UM} + \chi \quad . \qquad (4.4.2)$$

Er ist also gegenüber dem ursprünglichen Keilwinkel um so stumpfwinkliger, je größer der Freiwinkel und - wegen (4.3.4) - der Schränkungswinkel und je kleiner der Eingriffswinkel ist. Die Schneiden stumpfen demnach - allerdings nur zu Beginn der Verschleißentwicklung - ab. Bei weiter zunehmendem Verschleiß bleibt der tatsächliche Keilwinkel dann konstant, weil sein durch (4.3.4), (4.4.1) und (4.4.2) bestimmter Wert unabhängig von der Größe des Verschleißes ist.

Da der Winkel χ in diesen beiden Gleichungen - wenn man den Freiwinkel α vernachlässigt - die Größe der Abstumpfung der Schneide durch den Verschleiß beschreibt, ist seine Bezeichnung als "Verschleißwinkel" gerechtfertigt. Im übrigen wird dieser Name in vergleichbarer Weise auch von Feiler /16/ und Anstice /30/ verwendet.

Da der Materialverlust von der Freifläche aus erfolgt, soll der beschriebene Verschleißvorgang im folgenden als "Freiflächenverschleiß" (analog zum Mantelflächenverschleiß in der Stanztechnik, siehe z.B. Doege /52/) angesprochen werden.

Unter der Anlagekraft F_{An} stellt sich das Obermesser durch eine Drehung um die Achse B um den Betrag des Schneidenrückganges nach, so daß sich die beiden Messer trotz des Verschleißes weiterhin berühren. Die Stellung der tatsächlichen Schneiden ist daher gleich der der ursprünglichen Schneiden zueinander, so daß man von einer "Kompensation" des Schneidenrückgangs durch die Nachstellbewegung des Obermessers sprechen kann. Wenn gleichzeitig die tatsächliche Schneide im Sinne eines kleinen Schneidenradius "scharf" bleibt, kann der Freiflächenverschleiß sogar als ein gegenseitiges "Nachschleifen" der Messer verstanden werden. Allerdings geht die ursprüngliche Punktberührung im Kreuzungspunkt der Schneiden K in eine Flächenberührung auf der sog. Berührungsfläche A_B über, die aus der Überlappung der beiden verschleißenden Flächen des Ober- und Untermessers gebildet wird und als einen Eckpunkt den Kreuzungspunkt K enthält.

4.5 Analyse der während des Schneidens wirkenden Kräfte

Auf rechnerischem Wege werden im folgenden die Schneid-, Normal- und Reibungskräfte analysiert und daraus zwei Grenzbedingungen für die einzustellenden Verfahrensparameter abgeleitet. Zunächst werden die Kräfte zu Beginn und dann die während des Trennvorgangs betrachtet.

Der Schneidvorgang beginnt, wenn das Obermesser auf den Packstoff aufsetzt. Die Bahn wird dann nicht geschnitten, sondern in x-Richtung über die Untermesserschneide geschoben, wenn das aus Bild 4.3 ableitbare Kräftegleichgewicht in x- und y-Richtung erfüllt ist:

$$\Sigma F_x = F_{R,UM} + F_{R,OM} \cdot \cos \phi - F_{N,OM} \cdot \sin \phi = 0, \quad (4.5.1)$$

$$\Sigma F_y = F_{N,UM} - F_{R,OM} \cdot \sin \phi - F_{N,OM} \cdot \cos \phi - m \cdot g = 0. \quad (4.5.2)$$

Mit dem Gleitreibungskoeffizienten zwischen Folie und Messer μ_{KM} gilt:

$$F_{R,OM} = \mu_{KM} \cdot F_{N,OM}, \quad F_{R,UM} = \mu_{KM} \cdot F_{N,UM}. \quad (4.5.3)$$

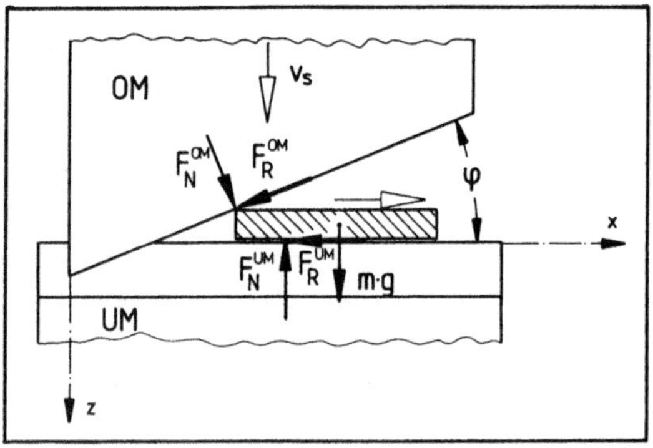

Bild 4.3: Für das seitliche Verschieben der Packstoffbahn durch das Obermesser maßgebliche Kräfteverhältnisse.

Nach Umformen ist:

$$F_{N,OM} = m \cdot g \,/\, (\sin\phi \cdot (\frac{1}{\mu_{KM}} - \mu_{KM}) - 2 \cdot \cos\phi) \; . \qquad (4.5.4)$$

Ist der Nenner in (4.5.4) gleich oder kleiner als Null, wird die Bahn infolge der - in diesem Fall erwünschten - Selbsthemmung nicht seitlich verschoben. Stattdessen steigt $F_{N,OM}$, bis sie den Wert der Scherfestigkeit des Packstoffes erreicht, so daß dieser getrennt werden kann. Aus dem Nenner von (4.5.4) errechnet sich deshalb die folgende Grenzbedingung für den Eingriffswinkel, die eingehalten werden muß, um das seitliche Verschieben der Packstoffbahn zu verhindern:

$$\tan\phi < \frac{2 \cdot \mu_{KM}}{1 - \mu_{KM}^2} \; . \qquad (4.5.5)$$

Zur Berechnung der während des Trennvorgangs wirkenden Kräfte werden zunächst die eigentlichen Schneidkräfte betrachtet. Dabei soll es genügen, eine sehr einfache Schnittkraftformel für Scherschneidverfahren mit gekreuzten Schneiden nach Schlesinger (zitiert in /62/) auf das Guillotinenquerschneiden anzuwenden. Demnach wird die Komponente F_{Sz} der Schneidkraft, die senkrecht zur Schnittgutoberfläche wirkt, aus dem Produkt der sog. Scherfestigkeit τ_s und Fläche des "Scherdreiecks" KSS' (Bild 4.5a) berechnet:

$$F_{Sz} = \tau_s \cdot \frac{s^2}{2} \cdot \frac{1}{\tan\phi} \; . \qquad (4.5.6)$$

Die Schneidkraftkomponente F_{Sz} ist also umso kleiner, je größer der Eingriffswinkel und je dünner und weniger "scherfest" der Packstoff ist.

Nach gängiger Vorstellung (siehe z.B. /63,84/) entsteht durch die Schneidkraftkomponenten F_{Sz}, die sowohl vom Ober- wie vom Untermesser aus wirken, ein Moment, welches versucht, das Schnittgut um die x-Achse zu kippen (Bild 4.4b). Dem entgegen wirken, wenn kein Niederhalter vorgesehen ist und das ist bei allen Guillotinenquerschneidern der Fall, die Schneidkraftkomponenten in y-Richtung F_{Sy}, die von den Freiflächen der Werkzeuge aufgenommen werden. Beziehungen zur Bestimmung der Schneidkraftkomponente F_{Sy} wurden bisher nicht formuliert. Nach /63/ ist beim Stanzen von Metallen:

$$F_{Sy} = 0{,}2 \; ... \; 2 \cdot F_{Sz} \; . \qquad (4.5.7)$$

Den beiden Schneidkraftkomponenten F_{Sy} und F_{Sz} überlagern sich während des Trennvorganges die Normal- und Reibungskräfte, die auf der Berührungsfläche zwischen Ober- und Untermesser übertragen werden. Vernachlässigt man die durch die Bewegung des Obermessers bewirkten Massenträgheitskräfte, so berechnet sich die Normalkraft zwischen den Messern aus dem Momentengleichgewicht um die Achse B des Obermessers (Bild 4.5):

$$\Sigma M_B = - e \cdot F_{An} + f \cdot (F_N \cdot \cos\chi - F_R \cdot \sin\chi + F_{Sy}) = 0 \; . \qquad (4.5.8)$$

Mit dem Gleitreibungskoeffizienten zwischen den Messern μ_{MM} gilt:

$$F_R = \mu_{MM} \cdot F_N \; . \qquad (4.5.9)$$

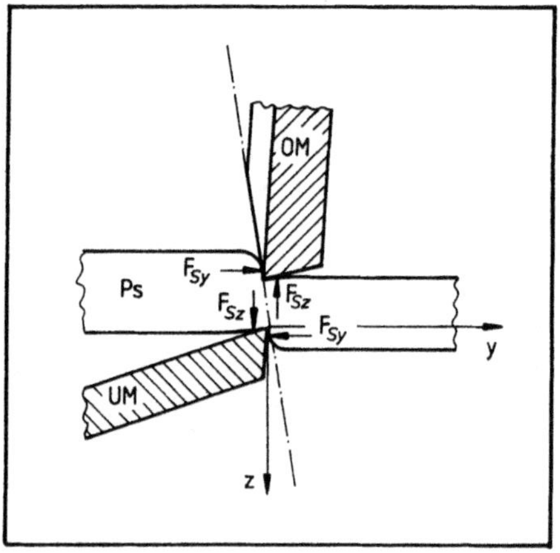

Bild 4.4: Zur Entstehung der Schneidkraftkomponenten F_{Sy} und F_{Sz} nach /63,84/.

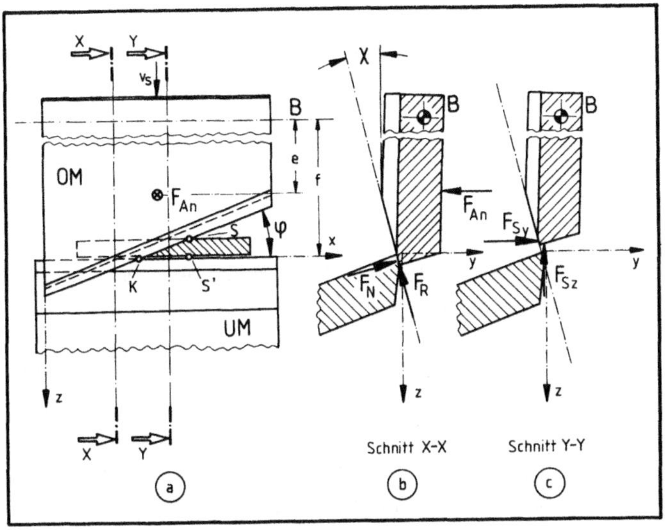

Bild 4.5 Kräfte am Obermesser.

Nach Umformen und mit f = e *) ist:

$$F_N = \frac{F_{An} - F_{Sy}}{(\cos\chi - \mu_{MM}\cdot\sin\chi)} \,. \qquad (4.5.10)$$

Demnach ist die Normalkraft F_N gleich der Anlagekraft F_{An}, wenn der Verschleißwinkel klein und die Schneidkraftkomponente F_{Sy} vernachlässigbar ist. Erreicht hingegen die Schneidkraftkomponente F_{Sy} den Wert der Anlagekraft F_{An}, ist die Normalkraft F_N gleich Null, und das Obermesser kann vom Untermesser abgehoben werden. Es ist anzunehmen, daß dann die Packstoffbahn zwischen die Messer gezogen und nicht mehr getrennt wird.

---

*) In der untersuchten Schneideinrichtung (Kap.5.2) ist f ≅ e.

Bei großen Verschleißwinkeln χ vergrößert sich nach (4.5.10) die Normalkraft, und es besteht die Gefahr der Selbsthemmung der Messer. Aus dem Nenner von (4.5.10), der stets größer als Null sein muß, errechnet sich deshalb eine Grenzbedingung für den Verschleißwinkel. Diese muß auf jeden Fall eingehalten werden, wenn man Schäden an den Messern oder der Schneidstation vermeiden will:

$$\chi < \arctan \frac{1}{\mu_{MM}} \qquad (4.5.11)$$

4.6 Analyse der tribologischen Beanspruchung und Übertragung eines einfachen Verschleißmodells Kragelskis /64/

Die Analyse der tribologischen Beanspruchung ist vorteilhaft, um Verschleißvorgänge besser beurteilen und Maßnahmen zur Minderung des Verschleißes treffen zu können (Föhl in /65/). Sie ist außerdem Voraussetzung zur Anwendung einer einfachen Verschleißberechnungsformel Kragelskis /64/ auf das Guillotinenschneidverfahren.

Jede Stelle der verschleißenden Fläche eines Messers gleitet während der Auf- und der Abbewegung des Obermessers je einmal, aber nur kurzzeitig über die verschleißende Fläche des jeweiligen Gegenwerkzeuges. Der Reibungszustand *) ist, solange kein Schmier- oder anderer Stoff auf die verschleißenden Flächen gerät, trockene Reibung, auch Festkörperreibung genannt. Die jeweilige Beanspruchungsdauer $\Delta\tau_b$ bestimmt sich aus der Länge des Reibweges q am Gegenwerkzeug (Bild 4.6) und der Gleitgeschwindigkeit v_s' nach (4.3.6):

$$\Delta\tau_b^{OM} = q_{UM} \cdot \cos\chi \,/\, v_s, \quad \Delta\tau_b^{UM} = q_{OM} \cdot \cos\chi \,/\, v_s \,. \qquad (4.6.1)$$

Bei kleinen Freiwinkeln α, Spanwinkeln γ und Verschleißwinkeln χ ist die Länge des Reibweges q gleich der Verschleißhöhe h. Wenn außerdem gleich großer Verschleiß an Ober- und Untermesser vorausgesetzt wird, vereinfacht sich (4.6.1) zu

$$\Delta\tau_b = h \,/\, v_s \,. \qquad (4.6.2)$$

---

*) DIN 50281 /3/ unterscheidet vier sog. Reibungszustände: Festkörper- oder trockene, Misch-, Flüssig- und Gasreibung.

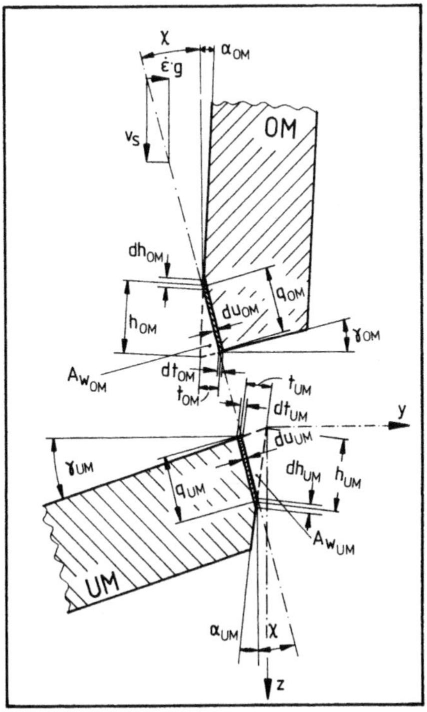

Bild 4.6: Dicke einer durch Verschleiß abgetragenen Schicht du und Reibweglänge q an einem Messerpaar mit Freiflächenverschleiß.

Da sich die Richtung der Schneidgeschwindigkeit zwischen der Auf- und der Abwärtswegung des Obermessers umkehrt, unterliegen die verschleißenden Flächen beider Messer einer wiederholten Wechselbeanspruchung (Bild 4.7). Dabei ist die Dauer der einzelnen Beanspruchung $\Delta\tau_b$ kurz gegenüber der Zykluszeit; zwischen den einzelnen Beanspruchungen sind relativ lange Pausen.

Die Höhe dieser Beanspruchung wird nach DIN 50320 /4/ mit der nominalen Flächenpressung p_o beschrieben. Sie wird aus der Normalkraft F_N (Kap.4.5) und der Berührungsfläche A_B (Bild 4.2b) berechnet:

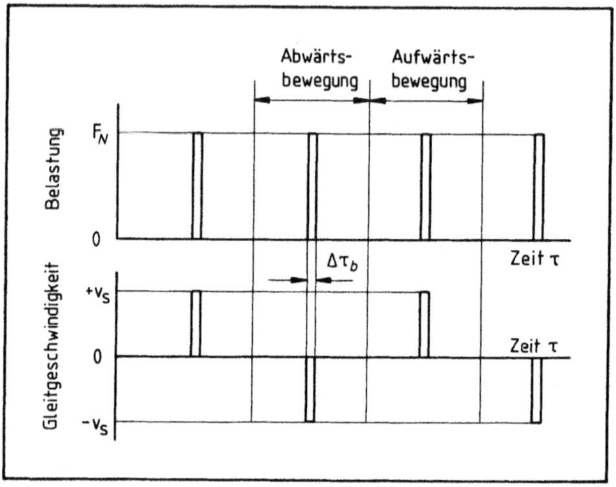

Bild 4.7: Zeitlicher Verlauf der Normalkraft und der Gleitgeschwindigkeit auf der verschleißenden Fläche eines Messers im Guillotinenquerschneider.

$$A_B \cong \frac{h_{OM} \cdot h_{UM}}{\tan\phi \cdot \cos\chi} \cong \frac{h^2}{\tan\phi}, \qquad (4.6.3)$$

$$p_o = \frac{F_N}{A_B} = \frac{F_N \cdot \tan\phi}{h^2}. \qquad (4.6.4)$$

Ohne Berücksichtigung einer eventuellen elastischen oder plastischen Verformung ist die nominale Flächenpressung zwischen verschleißfreien Messern nach (4.6.4) unendlich hoch, sie wird aber mit zunehmendem Verschleiß reduziert. Die Beanspruchungsdauer $\Delta\tau_b$ steigt nach (4.6.2) proportional zur Verschleißhöhe h, während die nominale Flächenpressung p_o wegen (4.6.4) überproportional sinkt. Dies muß einen entsprechenden Einfluß auf den Verschleiß haben; denn dessen Wachstum ist bei den meisten bekannten Verschleißmechanismen *) in etwa proportional zu den genannten beiden Beanspruchungsgrößen /64/. Die wechselseitige Abhängigkeit von Beanspruchung und Verschleiß wirkt sich folglich so aus, daß beim Guillotinenquerschneiden der Verschleiß um so langsamer wächst, je größer er dem Betrag nach wird.

Um den Einfluß der Verfahrensparameter auf die Verschleißentwicklung besser zu verstehen, wird ein einfaches semi-empirisches Modell Kragelskis /64/ auf die vorliegende Beanspruchungssituation und den in Kap.4.4 abgeleiteten "theoretischen Verschleiß" übertragen. Es unterstellt einen abrasiven Verschleißmechanismus. Dies widerspricht nicht der Voraussetzung für den "theoretischen Verschleiß", daß der Materialverlust stetig erfolgen solle, sondern ist vielmehr typisch dafür /66/. Die Dicke du einer Schicht des Messerwerkstoffs, die während einer bestimmten Anzahl von Schnitten dn abgetragen wird, hängt nach /64/ vom Verhältnis der nominalen Flächenpressung p_o zur Härte HB des Messerwerkstoffs und vom Reibweg q ab:

$$\frac{du}{2 \cdot dn} = k \cdot (p_o / HB)^{\kappa} \cdot q \, . \qquad (4.6.5)$$

Die Konstanten k und κ berücksichtigen nach /64/ den Einfluß der Werkstoffpaarung, κ zusätzlich den Reibungszustand. Die Ziffer 2 ist im Nenner von (4.6.5) einzufügen, da Auf- und Abwärtsbewegung des Obermessers als ein Schnitt zählen, währenddessen sich aber korrespondierende Stellen des Ober- und Untermessers zweimal berühren.

Die Dicke der verschleißenden Schicht beträgt bei kleinen Druckwinkeln γ und kleinen Freiwinkeln α nach Bild 4.6:

$$du = dt / \cos \chi = dh \cdot \tan\chi / \cos \chi . \qquad (4.6.6)$$

Mit (4.6.3), (4.6.4) und (4.6.6) und den Annahmen $F_N = F_{An}$, $q \cong h$, $\cos \chi \cong 1$, $\tan \chi \cong \chi$, $\tan \phi \cong \phi$ wird (4.6.5) zu:

$$\frac{\chi}{2} \cdot \frac{dh}{dn} = k \cdot (\frac{\phi \cdot F_{An}}{h^2 \cdot HB})^{\kappa} \cdot h \, . \qquad (4.6.7)$$

Nach Trennung der Variablen h und n wird (4.6.7) mit der Rand-

----

*) "Unter Verschleißmechanismen versteht man die beim Verschleißvorgang ablaufenden physikalischen und chemischen Prozesse." (DIN 50320 /4/). Beim Gleiten von zwei Festkörpern aufeinander gibt es nach DIN 50320 vier Verschleißmechanismen: Adhäsion, Abrasion, Oberflächenzerrüttung (Ermüdung) und tribochemische Reaktionen.

bedingung h(n=0) = 0, mit $\chi = \psi / \phi$ (was nach (4.3.4) nur für kleine Winkel χ, ψ und ϕ zulässig ist) und mit $A_w = \frac{1}{2} \cdot h^2 \cdot \chi$ (Bild 4.6) zu:

$$A_w = D \cdot n^{1/\kappa} \quad \text{mit} \quad D = (4 \cdot \kappa \cdot k \cdot \phi)^{1/\kappa} \cdot \psi^{(1-1/\kappa)} \cdot \frac{F_{An}}{2 \cdot HB} . \qquad (4.6.8)$$

Die Beziehung 4.6.8 stellt das gesuchte Modell des mutmaßlichen Verschleißvorgangs beim Guillotinenschneidverfahren dar. Darin wächst die Größe der Verschleißfläche A_w mit der Anzahl der Schnitte n, hängt aber auch von den Verfahrensparametern Anlagekraft F_{An}, Schränkungswinkel ψ und Eingriffswinkel ϕ ab. Außerdem wird die Verschleißfläche von der Härte des Messerwerkstoffs HB und den Eigenschaften k und κ beeinflußt, die aber in dieser Arbeit nicht als Variable betrachtet werden sollen (siehe Kap.2). Die weitere Diskussion des Modells wird aber erst nach seiner Anpassung auf die tatsächlichen Verhältnisse und experimentellen Überprüfung vorgenommen (Kap.7.2).

4.7 Fragestellungen für die durchzuführenden Versuche

Wesentliches Ergebnis der vorstehenden Analyse ist ein Modell des mutmaßlichen Verschleißvorgangs beim Schneiden von Kunststoffolien im Guillotinenquerschneider. Demnach hängt die Größe des Freiflächenverschleißes von den drei maschinenseitigen Verfahrensparametern Anlagekraft, Schränkungs- und Eingriffswinkel ab; da dieser aber durch die Nachstellbewegung des Obermessers offensichtlich ausgeglichen wird, vermag das Modell das Versagen der Schneideinrichtung nicht zu erklären. Zielsetzung der vorliegenden Arbeit ist es aber, Maßnahmen zum Verlängern der Messerstandzeit abzuleiten. Aus diesem Mißverhältnis ergeben sich die folgenden wesentlichen Fragestellungen an die vorzunehmenden Versuche:

- Wie und warum versagen Guillotinenquerschneider ? Welches Standzeitkriterium ist anzuwenden ?
- Welche Rolle spielt der Verschleißvorgang der Messer beim Versagen der Schneideinrichtung ?
- Welchen Einfluß haben die genannten Verfahrensparameter auf die

Messerstandzeit ?

- Welche Maßnahmen zur Verlängerung der Messerstandzeiten sind folglich zu empfehlen ?

5. Versuchsanlage, Schnittgüter und Meßeinrichtungen

5.1 Untersuchungsmethode

In den Versuchen war die Beanspruchung von Messern in Guillotinenquerschneidern, die sich im industriellen Einsatz befinden, möglichst genau nachzubilden; denn gerade bei der Untersuchung von Verschleißvorgängen können zunächst als geringfügig erachtete Veränderungen am interessierenden System gravierende Auswirkungen auf die beobachteten Phänomene haben /17/. Als Untersuchungsmethode wurde daher der sog. Prüfstandversuch ausgewählt. Dazu wurde ein originaler Guillotinenquerschneider aus einer Verpackungsmaschine (Kap.5.2) weitestgehend unter Produktionsbedingungen betrieben. Es wurden nur Originalmesser aus demselben Fertigungslos eingesetzt und handelsübliche Verpackungsfolien in gängigen Dicken und Aufbauten (Kap.5.3) zerschnitten. Die Versuche wurden jeweils solange fortgesetzt, bis die Standzeit der Messer erreicht war. Die Umgebungsluft war - nicht praxisgemäß - nahezu staubfrei. Außerdem wurde sie auf 23 °C und 50% r.F. konstant gehalten, da Temperatur und Feuchtigkeit den Verschleiß der Messer /67/ und die mechanischen Eigenschaften der Packstoffe /68/ beeinflussen können.

Da der Einfluß der maschinellen Verfahrensparameter auf die Messerstandzeit im Vordergrund der Arbeit stand, wurden die Versuche nur mit einer einzigen Kunststoffolie durchgeführt. Dabei wurde an einzelnen Nutzen die Schnittkantenqualität gemessen (Kap.5.8) und die "Schneidbarkeit" festgestellt (Kap.5.9). Um den Verschleiß- und Versagensvorgang möglichst genau zu beobachten, wurde die Versuchsanlage mit Sensoren zum Messen der Schneidkräfte (Kap.5.5), zum Überwachen des Kontaktzustands der Messer (Kap.5.6) und zum Zählen der Schnitte (Kap.5.7) ausgestattet. Um den Verschleiß der Messer festzustellen (Kap.5.4), wurden die Versuche in regelmäßigen

Abständen unterbrochen. Währenddessen wurden außerdem Probeschnitte an verschiedenen anderen Packstoffen vorgenommen und wieder Schnittkantenqualität und Schneidbarkeit bestimmt. Damit sollte ein möglicherweise auch auf das Guillotinenquerschneiden anderer Kunststoffolien übertragbares Versuchsergebnis erzielt werden.

5.2 Versuchsanlage

Für die Versuche wurde die Querschneidestation der Hochleistungs - Bonboneinwickelmaschine X 8002 Super der Fa. Otto Hänsel /58/ eingesetzt, die nach dem Guillotinenverfahren arbeitet. Sie wurde nur geringfügig modifiziert, indem ein regelbarer Antrieb eingebaut, das Untermesser auf piezoelektrischen Kraftmeßlagern gelagert (Bilder 5.1b und 5.2a), das Obermesser elektrisch gegen die Maschine isoliert und die seitlichen Bahnführungen elektrisch verstellbar gestaltet wurden. Weitere Sensoren schalteten die Anlage bei Störungen ab, so daß Schnitte immer nur dann durchgeführt wurden,

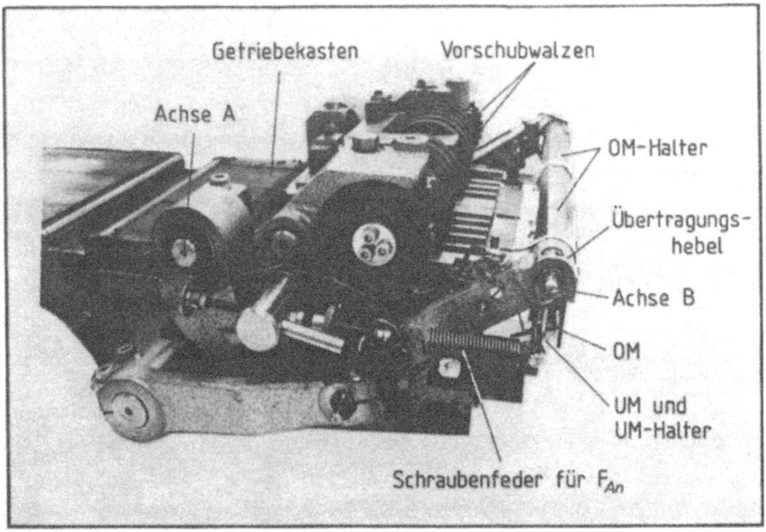

Bild 5.1a: Die untersuchte Querschneideeinrichtung: Seitenansicht.

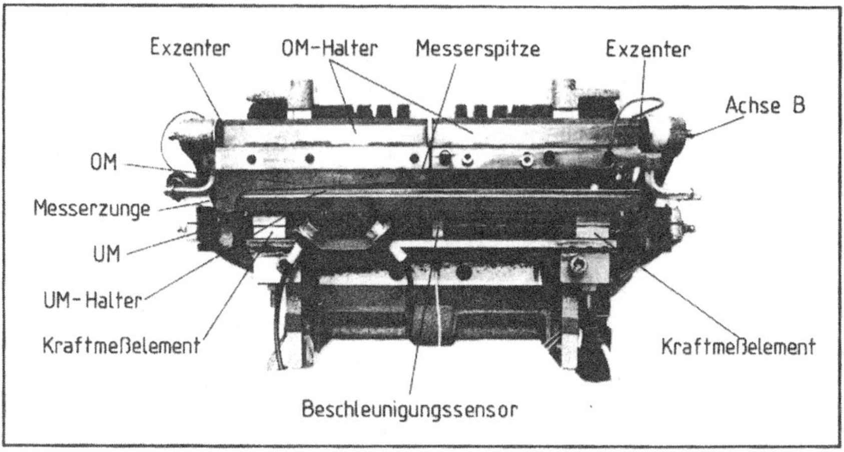

Bild 5.1b: Die untersuchte Querschneideeinrichtung: Vorderansicht.

wenn Packstoff zwischen den Messern war. Gegen Verschmutzung wurde die Anlage mit einer Haube gesichert.

Die Kunststoffolien wurden in einer eigenständigen Abwickeleinrichtung von der Vorratsrolle abgewickelt, die Abwickelspannung dabei über eine Tänzerrolle konstant gehalten. Eine Zuggruppe mit nachgeschalteter Schlaufensteuerung sorgte für eine geringe Bahnspannung in der eigentlichen Querschneidestation. Dies war Voraussetzung zur Verarbeitung auch sehr dehnfähiger Bahnen, beispielsweise aus LD-Polyethylen.

Von der Schlaufensteuerung kommend läuft die Bahn links in die Querschneidestation ein (Bilder 5.1a und 5.2a). Rechts wird der abgeschnittene Nutzen in der Originalmaschine von Zangen abgenommen und um das zu verpackende Produkt geschlagen, in der Versuchsanlage hingegen mit einem Luftstrom sofort von den Messern entfernt. Die Schneide des stillstehenden Untermessers liegt quer zur Bahnlaufrichtung in der Packstoffebene (Bild 5.1a,b). Das Obermesser führt eine sinusförmige Auf- und Abbewegung durch (Bild 5.3b). Da während des eigentlichen Schneidvorganges die Bahn stillstehen muß,

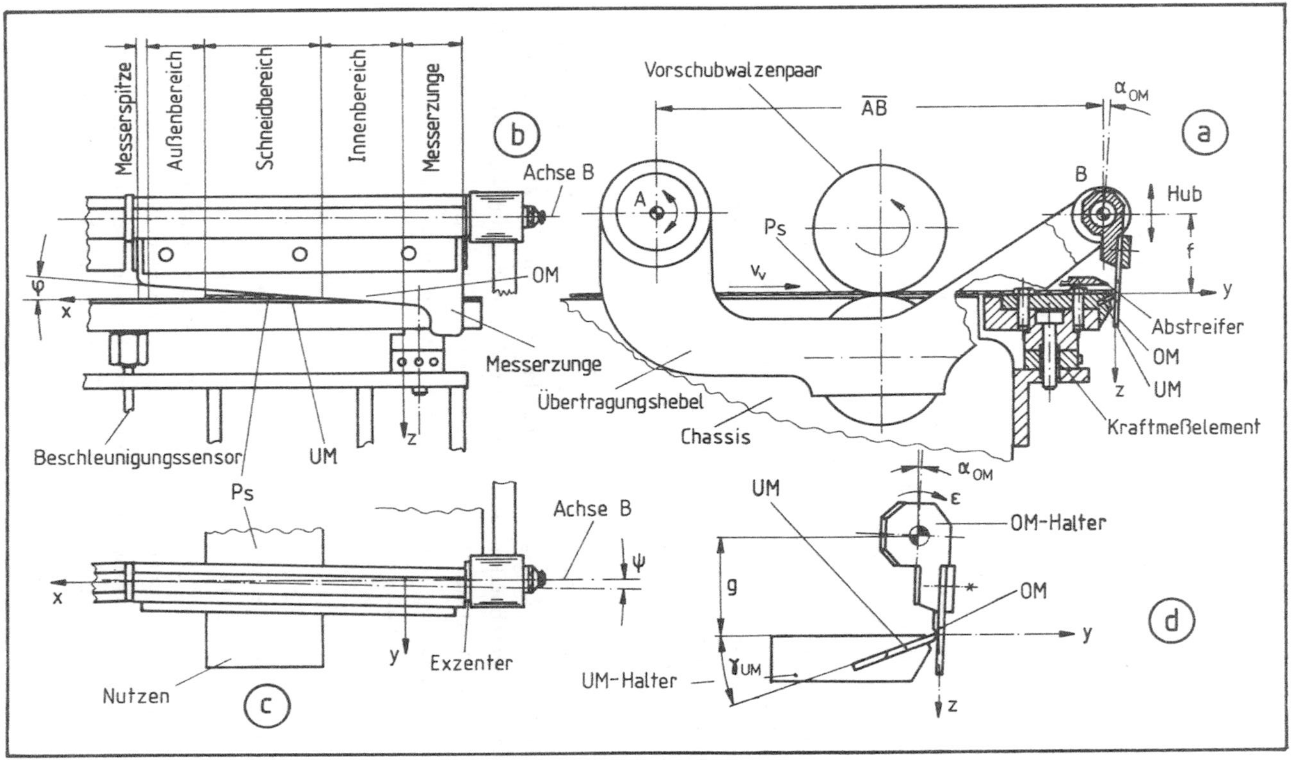

<u>Bild 5.2:</u> Die untersuchte Querschneideeinrichtung.
a) Seitenansicht, c) Draufsicht,
b) Vorderansicht, d) Detail der Seitenansicht.

wird sie vom Vorzugswalzenpaar intermittierend zu den Messern transportiert, so daß die Vorschubbewegung dann erfolgt, wenn sich das Obermesser in der Gegend des oberen Totpunktes befindet (Bild 5.3a). Die Schneiden stehen währenddessen nicht im Eingriff, um genügend Raum zum Durchschieben der Packstoffbahn zu lassen. Die Führung des Obermessers wird in dieser Zeit von der Messerzunge übernommen (Bilder 5.1b und 5.2b). Ein Abstreifer verhindert, daß die Packstoffbahn vom zurücklaufenden Obermesser mitgenommen und hochgehoben wird (Bild 5.2a). Seitliche (nicht gezeichnete) Anschläge begrenzen die Bewegungen der Bahn in x-Richtung.

Das Obermesser ist gegen das Untermesser so um den Eingriffswinkel angestellt, daß während der Abwärtsbewegung des Obermessers nacheinander die folgenden Schneidenbereiche zum Eingriff kommen (Bilder 5.2b und 5.3e): Messerzunge, Innenbereich, Schneidbereich, Außenbereich, Messerspitze. Der eigentliche Schneidvorgang erfolgt im Schneidbereich und nur während der Abwärtsbewegung. Er hat lediglich einen Anteil von etwa 5 % an der gesamten Zyklusdauer. Die übrigen 95 % erscheinen mit der Aufwärtsbewegung des Obermessers und dem Durchschieben der Packstoffbahn nur schlecht genutzt.

Das Obermesser ist mit dem Obermesserhalter am Übertragungshebel um die Achse B drehbar aufgehängt (Bilder 5.1a,b und 5.2a-d). Der Übertragungshebel ist in A angelenkt (Bilder 5.1a und 5.2a), mit der Antriebsmechanik verbunden und erzwingt die Auf- und Abbewegung des Obermessers. Der Abstand AB ist gegenüber dem Hub des Obermessers so groß, daß die Bewegung der Achse B als linear in z-Richtung angesehen werden kann.

Die Anlagekraft wird in y-Richtung von einer Schraubenfeder (Bild 5.1a) am Obermesser aufgebracht, so daß dieses am Untermesser angelegt wird. Die Höhe der Anlagekraft kann durch eine Veränderung der Federdehnung eingestellt werden. Die Einstellung des Eingriffswinkels ϕ wird durch eine variable Montage des Obermessers am Obermesserhalter (nicht gezeichnet) und die des Schränkungswinkels ψ durch eine exzentrische Lagerung des Obermesserhalters auf der Achse B ermöglicht (Bilder 5.1a,b und 5.2c). Der Freiwinkel des Obermessers

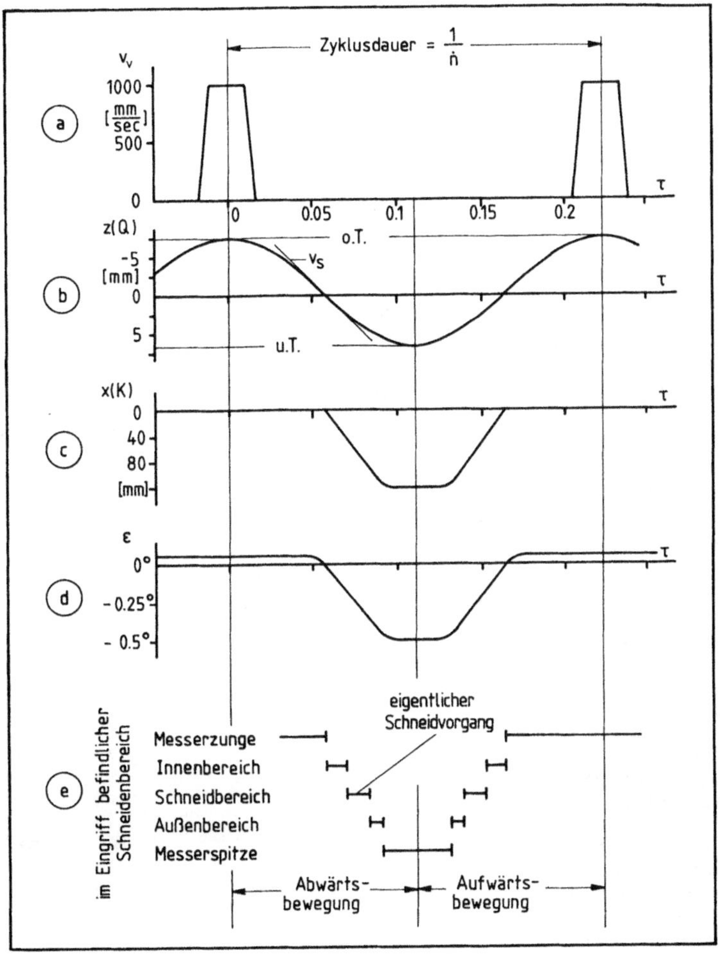

<u>Bild 5.3:</u> Zeitlicher Zusammenhang der verschiedenen Bewegungen in der untersuchten Querschneideeinrichtung.

a) Vorschubbewegung,

b) Messerhub,

c) Lage des Kreuzungspunktes der Schneiden K,

d) Drehbewegung des Obermessers um die Achse B,

e) im Eingriff befindlicher Schneidenbereich.

Tabelle 5.1: Maschinen- und messerseitige Verfahrensparameter, wichtige konstruktive Größen und die dazugehörigen Einstellwerte, die die Ausgangseinstellung in den Versuchen bildeten.

Größe	Formelzeichen	Wert	Einheit
Maschine: OTTO HÄNSEL Bonboneinwickelmaschine X 8002 Super			
Abschnittlänge:		10	mm
Bahnbreite	b	50	mm
Massenträgheitsmoment von Obermesser und Obermesserträger	J_B	83	$kg \cdot mm^2$
Abstand Drehachse B - Untermesser	f	~45	mm
Abstand Drehachse B - Kraftangriffspunkt von F_{An}	e	45	mm
Abstand Drehachse B - Punkt Q der Obermesserschneide	c	45	mm
Hub		14,2	mm
Produktionsrate pro Bahn		4,5	s^{-1}
Maschineneinstellgrößen:			
Anlagekraft	F_{An}	33	N
Schneidgeschwindigkeit	v_s	200	mm/s
Schränkungswinkel	ψ	12	Minuten (')
Eingriffswinkel	ϕ	2,5	Grad (°)
Messer:			
Messerwerkstoff:			
RAXA GARANT, Fa. Reining			
Härte		67	HRC
Messergeometrie:			
Obermesser			
Freiwinkel	α	1	Grad (°)
Keilwinkel	β	76	Grad (°)
Druckwinkel	γ	13	Grad (°)
Schneidenlänge	b_s	120	mm
Untermesser			
Freiwinkel	α	4	Grad (°)
Keilwinkel	β	66	Grad (°)
Druckwinkel	γ	20	Grad (°)
Schneidenlänge	b_s	150	mm
Schneide: frei- und druckflächenseitig mit einem feinen Korundstein naß abgezogen			

α_{OM} ist durch die Lage der Achse B zum Untermesser, sein Druckwinkel γ_{OM} durch den Schliff vorgegeben. Am Untermesser ist der Freiwinkel α_{UM} angeschliffen und der Druckwinkel γ_{UM} von der Gestaltung des Untermesserhalters abhängig (Bild 5.2d).

In Tabelle 5.1 sind die maschinen- und messerseitigen Verfahrensparameter und die wichtigsten konstruktiven Größen der untersuchten Querschneidestation genannt und dazu diejenigen Einstellwerte angegeben, die vom Hersteller vorgegeben waren und deshalb in den Versuchen die Ausgangseinstellung bildeten.

5.3 Schnittgüter

Für die Versuche wurde eine handelsübliche 0,038 mm dicke LD-Polyethylenfolie (Nr.1 in Tab.5.2) ausgewählt, die sich in Vorversuchen /69,70/ als "relativ schwer schneidbar" herausgestellt hatte. Wegen dieser Eigenschaft war zu erwarten, daß die Versuche nicht so lange wie mit einer "leicht schneidbaren" Zellglasfolie dauern und die Kosten für den Packstoff niedrig bleiben würden. Von den Folien, die in den Unterbrechungen der Dauerschneidversuche geschnitten wurden, wurden sieben von den interessierten Industriebetrieben /8/ als problematisch, eine hingegen, die Zellglasfolie (Nr.6 in Tab.5.2), als "generell leicht schneidbar" bezeichnet. Dies war - neben ihrer wirtschaftlichen Bedeutung und Konkurrenzstellung zu den Kunststoffolien - auch der Grund, warum sie in die Untersuchung aufgenommen wurde, obwohl sie nicht aus Kunststoff besteht.

Die Verarbeitbarkeit von Folien auf Verpackungsmaschinen, Maschinengängigkeit genannt, wird von ihren mechanischen Eigenschaften bestimmt, wobei bislang vorwiegend ihre Festigkeit im Zugversuch längs und quer zur Maschinenlaufrichtung, ihre Biegesteifigkeit, das Reibungs- und eventuell das elektrostatische Verhalten beurteilt werden /71-75/. Zusammenhänge zwischen diesen Werten und dem Verhalten der Folien beim Schneiden sind bisher nicht bekannt. Ausgewählte mechanische Kennwerte der untersuchten Folien sind in Tabelle 5.2 zusammengestellt.

Nr.	Material-Aufbau	Dicke DIN 53370 (µm) s	Reißkraft DIN 53455, Nr.5 (N/15mm) längs	quer	Reißfestigkeit DIN 53455, Nr.5 (N/mm²) längs	quer	Reißdehnung DIN 53455, Nr.5 (%) längs	quer	E-Modul DIN 53457 (N/mm²) längs	quer	Durchstoß Halbkugel DIN 53373 (N) F_s	(mm) l_s	(J) W_s	Weiterreißwiders. DIN 53363 (N/mm) längs	quer	Reib.koeff. DIN 53375 (-) μ_k
1	LDPE	38	11,8	**	25	**	344	**	228	**	35[+]	12[+]	0,18[+]	**	336	0,13
2	LDPE	50	24	21	32	28	240	690	198	252	57	16	0,47	190	310	0,17
3	oPP	23	45	87[++]	131	253[++]	162	40[++]	2000	2970[++]	251	16	1,6	15,2	10,4	0,19
4	oPP	40	81	138	134	230	99	36	1870	3260	225	12	1,07	17	9,1	0,15
5	oPA	30	42	42	95	93	310	405	551	724	70	14	0,6	390	555	0,09
6	Zellglas	63 g/m²	73	36	113	56	17	61	3488	1859	167	11	0,84	16	31	0,20
7	PA/PE	90	83	64	62	47	383	443	340	362	160* 156	16* 14	1,6* 1,3	269	354	0,23* 0,25
8	PETP/PE	59	44	45[++]	50	51[++]	110	85[++]	1120	989[++]	173* 176	13* 14	0,97* 1,1	40,2	67,1	0,23* 0,18
9	PETP/Al/PE	97	53	56	37	39	80	67	2150	2330	160* 148	11* 10	0,84* 0,74	195	315	0,22* 0,30

+) Halbkugeldurchmesser abweichend von DIN 20 mm ∅ .

++) Probenlänge abweichend von DIN 70 mm.

*) oberer Wert: PE-Seite dem Probenkörper zugewendet.

**) keine Probenahme nach DIN möglich.

Tabelle 5.2: Mechanische Eigenschaften der in den Versuchen geschnittenen Packstoffe.

Herstellungsbedingt sind die Eigenschaften der Packstoffe nicht gleichmäßig, sondern schwanken um einen bestimmten Mittelwert. Die Dicke der für die Versuche eingesetzten LDPE-Folie (Nr.1 in Tab.5.2) beispielsweise sollte 0,040 mm betragen, schwankte tatsächlich aber zwischen 0,032 und 0,048 mm (Bild 5.4).

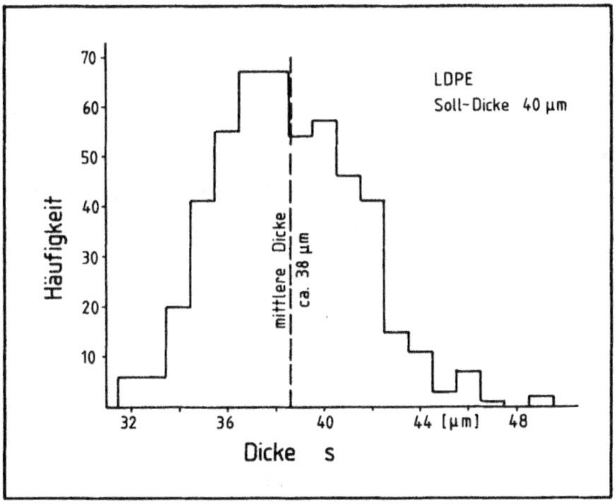

Bild 5.4: Dickenverteilung der in den Schneidversuchen verwendeten LD-Polyethylenfolie über Bahnlänge und -breite.

Vergleicht man die Eigenschaften eines bestimmten Kunststoffs in der Ausführungsform "Folie" mit der Ausführungsform "dickeres Kunststoffteil", so sind die mechanischen Eigenschaften beider in etwa gleich groß (vgl. /76,77/). Lediglich für verstreckte Folien gilt dies nicht, denn deren Festigkeit und Elastizitätsmodul sind höher und die Reißdehnung kleiner (Nr.3, 4 und 5 in Tab.5.2). Daß dünne Kunststoffolien dennoch als flexibel, "weich" und leicht dehnbar gelten, liegt folglich nur an ihrer geringen Dicke. So gesehen sollten sich Kunststoffolien während der Verarbeitung und insbesondere während des Schneidens grundsätzlich genauso wie Kunststoffteile größerer Dicke verhalten.

5.4 Messung des Messerverschleißes

Zur zerstörungsfreien Messung des Messerverschleißes wurde das im Bild 5.5 dargestellte Abgußverfahren mit einem dünnfließenden Präzisionsabformmaterial auf Silikonbasis nach Feiler /78/ dem Abtasten der Messer mit einer Formgestaltmeßeinrichtung nach Anstice /30/ oder Doege /52/ vorgezogen, weil es auch Grate, Hinterschneidungen, Schneidenabrundungen und eventuellen Verschleiß der Druckflächen wiedergibt. Die Abgüsse wurden so in 1 mm dicke Scheiben geschnitten, daß auf einem 100fach vergrößernden Profilprojektor ein Querschnitt durch die Schneiden parallel zur y-z-Ebene abgebildet und vermessen werden konnte. Je nach der Größe des Frei- und des Verschleißwinkels konnten damit die Verschleißhöhe und -tiefe auf 0,01 bis 0,05 mm genau festgestellt werden. Zusätzlich

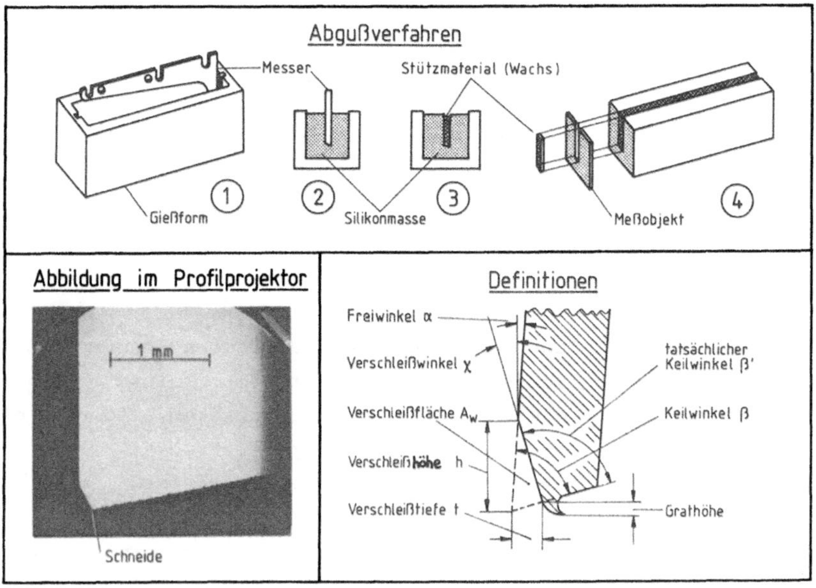

Bild 5.5: Zerstörungsfreie Beurteilung des Messerverschleißes im Querschnitt durch die Schneide des Obermessers.

wurde bei sehr geringem Verschleiß das Lichtschnittverfahren eingesetzt, mit dem bis zu 0,005 mm genau gemessen werden konnte. In der Annahme, daß die Messer - so wie theoretisch abgeleitet - verschleißen würden (Kap.4.4), wurden die vier Verschleißmeßgrößen Verschleißwinkel, Verschleißfläche, Verschleißhöhe und -tiefe definiert (Bild 5.5). Die Verschleißfläche läßt sich aus den drei anderen Meßgrößen besonders einfach errechnen, wenn der Frei- und Druckwinkel klein sind:

$$A_W = \frac{1}{2} \cdot h \cdot t = \frac{1}{2} \cdot h^2 \cdot \tan \chi \qquad (5.4.1)$$

Mit dem Abgußverfahren läßt sich auch ein Grat an den Messerschneiden feststellen. Die "mittlere Grathöhe" h_G des Schneidbereiches oder die der Innen- und Außenbereiche wurde gebildet, indem nach der Vorschrift (5.4.2) über die Einzelmeßwerte der Grathöhe h_G des entsprechenden Bereiches integriert wurde:

$$h_G = \frac{1}{x_2 - x_1} \int_{x_1}^{x_2} h_G(x)\, dx \qquad (5.4.2)$$

Von Feiler /16/ wurde auch die sog. Schartigkeit der Schneiden gemessen und zur Beurteilung der Messer herangezogen. Deshalb wurden die Schneiden des Obermessers in der x-z-Ebene mit einem Saphirkeil abgetastet, der anstelle der üblichen Tastnadel in ein elektronisches Tastschnittgerät eingesetzt war (Bild 5.6). Der gemessene Wert der gemittelten Rautiefe R_z nach DIN 4768 /79/ wurde Schartigkeit des Schneid- bzw. des Innen- und Außenbereichs genannt.

Aus dem mikroskopischen Erscheinungsbild des Verschleißes kann man häufig auf den Verschleißmechanismus rückschließen /80/. Deshalb wurden die verschleißenden Flächen unter einem Rasterelektronenmikroskop betrachtet. Da die Messer zur Probennahme zerstört werden mußten, war dies nur nach Erreichen der Standzeit möglich.

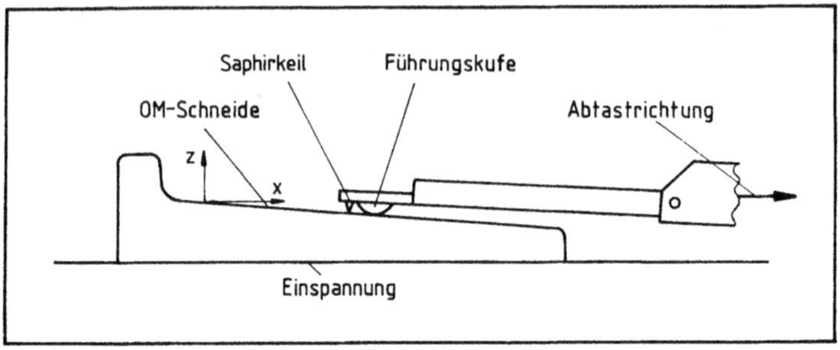

Bild 5.6: Messung der Schartigkeit R_z einer Obermesserschneide mit Hilfe eines Saphirkeils (Schneidenradius: 0,005 mm, Keilwinkel 90°) in einem elektronischen Tastschnittgerät nach DIN 4768 (Kufendurchmesser: 4 mm).

5.5 Messung der Schneidkräfte

Zur Messung der Schneidkräfte wurde das Untermesser auf zwei piezoelektrischen 3-Komponenten Kraftmeßlagern befestigt (Bilder 5.1b und 5.2a). Deren Ausgangssignale wurden von Störungen überlagert, da infolge der trägen Masse des Untermessers und des Untermesserhalters auch die von den Antriebselementen ausgehenden Erschütterungen der Versuchsanlage als Kraftsignale registriert wurden. Deshalb wurden zum einen die Ausgangssignale der Kraftmeßelemente durch einen 180-Hz-Tiefpaß geleitet und zum anderen die Erschütterungen von einem piezo-elektrischen Beschleunigungssensor am Untermesserhalter aufgenommen, ebenfalls in einen Tiefpaß gefiltert und dann von den Kraftsignalen subtrahiert (Bild 5.7). Das Nutzsignal konnte dann an einem Speicheroszilloskop ausgewertet werden.

Um mit dieser Meßeinrichtung die Größe der Schneidkraftkomponente F_{Sz} zu bestimmen, wurde aufbauend auf den Erkenntnissen über die wirkenden Kräfte (Kap.4.5) das Kräftegleichgewicht am Untermesser in z-Richtung formuliert (Bild 5.8):

$$F_{Kz} = F_R \cdot \cos \chi + F_{Sz} + F_N \cdot \sin \chi \qquad (5.5.1)$$

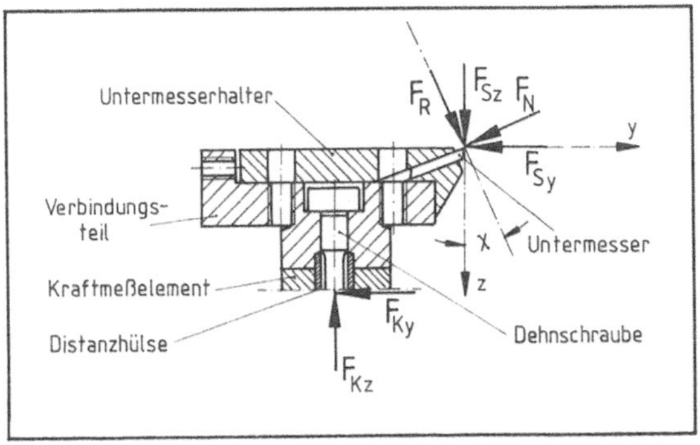

Bild 5.7: Messung der am Untermesser angreifenden Kräfte: schematischer Aufbau der Meßeinrichtung.

Wegen der überlagerten Normal- und Reibkraftkomponenten konnte F_{Sz} nicht direkt gemessen werden. Deshalb wurde der folgende Kniff angewandt: In einem ersten Meßlauf (I) wurde Packstoff geschnitten und F_{Kz} am Speicheroszilloskop aufgezeichnet. In einem zweiten Meßlauf (II) hingegen arbeiteten die Messer ohne Packstoff gegeneinander. Beide Aufzeichnungen wurden voneinander subtrahiert:

$$\begin{aligned} F_{Kz}(I) - F_{Kz}(II) &= (F_R \cdot \cos\chi + F_{Sz} + F_N \cdot \sin\chi) - \\ &\quad - (F_R \cdot \cos\chi + F_N \cdot \sin\chi) = \\ &= F_{Sz} \end{aligned} \tag{5.5.2}$$

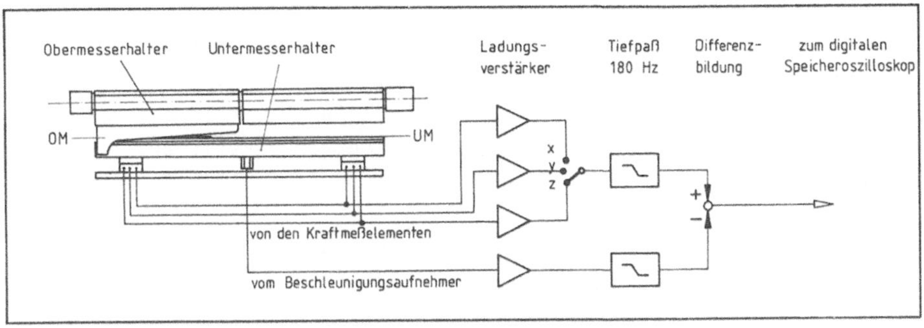

Bild 5.8: Kräfteverteilung und Kraftmessung am Untermesser des Versuchsquerschneiders.

Danach war F_{Sz} unmittelbar am Oszilloskop abzulesen. Da bei kleinen F_{Sz} die überlagerten Störungen immer noch relativ hoch waren, wurden immer 10 solcher Messungen durchgeführt und die Meßwerte gemittelt. Mit diesem Verfahren wurden bei einer Schneidgeschwindigkeit v_s von 57 mm/s Schneidkraftkomponenten F_{Sz} ab 1 N, bei 200 mm/s ab 2 N aufgelöst.

Einem Vorschlag Feiler's /16/ folgend wurde außerdem der Wert der sog. Abdrängkraft F_{Ab} gemessen. Diese ist als derjenige Grenzwert der Anlagekraft F_{An} definiert, auf den F_{An} reduziert werden muß, damit der Packstoff gerade nicht mehr schneidbar ist in dem Sinne, daß einzelne Nutzen mindestens an einer Stelle ihrer Schnittkante aneinander hängen bleiben. Das kann aber nur dann der Fall sein, wenn die Packstoffbahn zwischen die Messer gezogen wird, das Obermesser also vom Untermesser abhebt. In diesem Moment müssen die Normal- und Reibungskraft zwischen den Messern Null sein, und (4.5.10) vereinfacht sich mit e = f zu

$$F_{Ab} = F_{Sy} \ . \qquad (5.5.3)$$

Die Abdrängkraft F_{Ab} ist also gleich der Schneidkraftkomponente F_{Sy} (beachte hierzu die Einschränkung in Kap.7.4). Da die Anlagekraft auf das Obermesser mit einer geeichten Schraubenfeder aufgebracht wurde, konnte die Abdrängkraft aus der Dehnung dieser Feder abgelesen werden.

Um den Verschleißwinkel nach (4.5.11), bei dessen Überschreiten die Messer durch Selbsthemmung gefährdet werden, zu berechnen, mußte der Gleitreibungskoeffizient μ_{MM} bekannt sein. Dieser ist mit (4.5.8), (4.5.9), (5.5.1) und g = e aus der am Untermesser gemessenen Kraft F_{Kz} abzuleiten:

$$\mu_{MM} = \frac{-(F_{An} - F_{Sy}) \cdot \tan\chi + F_{Kz} - F_{Sz}}{F_{An} - F_{Sy} + (F_{Kz} - F_{Sz}) \cdot \tan\chi} \qquad (5.5.4)$$

μ_{MM} kann nach (5.5.4) nur dann berechnet werden, wenn F_{Sy} aus (5.5.3), F_{Sz} aus (5.5.2), F_{An} als Einstellwert und χ aus einer Verschleißmessung bereits bekannt sind. Nur bei sehr kleinen Verschleißwinkeln und vernachlässigbaren Schneidkraftkomponenten F_{Sy} und F_{Sz} ist er gleich dem Verhältnis aus F_{Kz} und F_{An}.

5.6 Überwachung des Kontaktzustandes der Messer

Feiler /16/ überwachte den elektrischen Kontakt der Messer in seiner Versuchsrollenschere, um bei der Messung der Abdrängkraft festzustellen, wann das Ober- vom Untermesser abgehoben wurde. Diesem Zweck soll die Überwachung des elektrischen Kontaktes auch in der vorliegenden Arbeit dienen. Außerdem soll damit der Reibungszustand zwischen den Messern festgestellt werden; denn dieser kann aus dem zeitlichen Verlauf des elektrischen Kontaktes zwischen zwei Reibpartnern abgeleitet werden /81,82/.

Das Obermesser wurde gegen die Maschine elektrisch isoliert, indem die Achse B im Übertragungshebel in Teflon-Büchsen gelagert wurde. Über einen Widerstand wurde eine elektrische Spannung an Ober- und Untermesser angelegt und der Spannungsabfall zwischen beiden an einem digitalen Speicheroszilloskop aufgezeichnet (Bild 5.9). Ein Spannungsabfall von Null Volt bedeutet nach /81,82/ guten

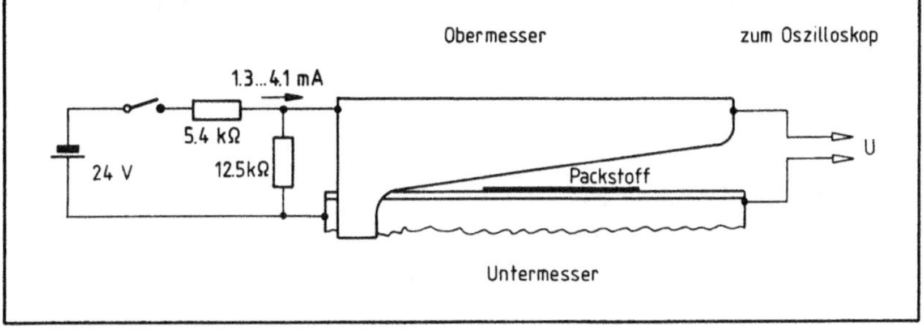

Bild 5.9: Messung des Kontaktzustandes zwischen Ober- und Untermesser.

metallischen Kontakt zwischen den Reibpartnern und daher trockene Reibung. Bei gleichmäßig hoher Spannung hingegen haben die Partner keinen Kontakt mehr, es herrscht also Flüssig- oder Gasreibung. Eine "pendelnde" Spannung wird so interpretiert, daß sich die Raugipfel der aneinander reibenden Flächen statistisch verteilt kurzzeitig berühren, aber nicht fortwährend metallischer Kontakt zwischen den Flächen besteht. Dieser Zustand wird Mischreibung genannt.

5.7 Zählen der Schnitte

An einer geeigneten Stelle der Antriebsmechanik wurde ein Näherungsschalter angebracht, der bei jedem Schnitt einen elektrischen Impuls abgab, der elektronisch gezählt wurde.

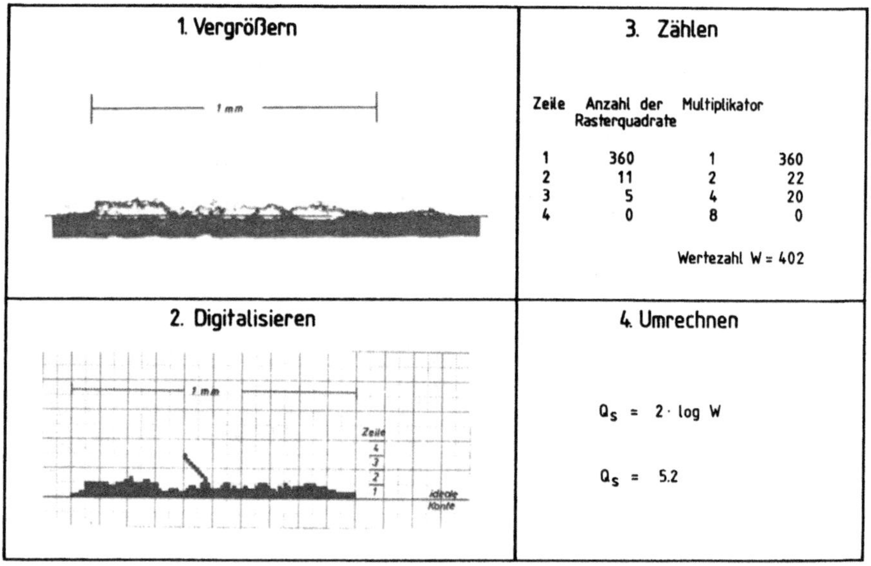

Bild 5.10: Messung der Schnittkantenqualität Q_s.

5.8 Bestimmung der Schnittkantenqualität

Die Qualität der Schnitte wurde mit einem Verfahren Feilers /83/ meßbar gemacht. Dazu wurde zunächst die Schnittfläche der abgetrennten Nutzen in einem Profilprojektor auf die Packstoffebene abgebildet. Die Fläche, die zwischen der abgebildeten "Schnittkante" und einer die ideale Schnittkante repräsentierenden Geraden liegt, wurde vermessen und in die dimensionslose Kennzahl "Schnittkantenqualität Q_S" umgerechnet (Bild 5.10). Größere Ausreißer und abstehende Fasern wurden dabei besonders hoch bewertet, weil gerade sie das Erscheinungsbild und die Weiterverarbeitbarkeit des Nutzens beeinträchtigen können. Mit dieser Methode wurde in Abständen von 10 mm jeweils ein 1 mm langes Stück der Schnittkante ausgewertet. Der Mittelwert aus den Einzelmessungen wurde als repräsentativ für die ganze Schnittkante erachtet. Gute Schnittkanten ergaben kleine Qualitätskennziffern und umgekehrt.

5.9 Feststellen der Schneidbarkeit

Im Verlauf der Versuche wurde eine Definition der "Schneidbarkeit" notwendig: Werden in einer bestimmten Schneid- und Verschleißsituation die Nutzen vollständig von der Bahn abgetrennt, so gilt dieser Packstoff als "schneidbar"; hängen sie hingegen an mindestens einer Stelle ihrer Schnittkante mit der Packstoffbahn zusammen, so ist der Packstoff "nicht schneidbar".

6. Ergebnisse der Dauerschneidversuche

6.1 Versuchsplan

Um den zeitlichen und materiellen Aufwand für die Standzeitversuche im Rahmen zu halten, wurde zum einen ein relativ schwierig zu schneidender Packstoff, eine 0,038 mm dicke LD-Polyethylenfolie, ausgewählt (Kap.5.3), und zum anderen beschlossen, die drei maschinenseitigen Verfahrensparameter Anlagekraft, Schränkungs- und Eingriffswinkel von den herstellerseitig vorgegebenen Einstellwerten ("Ausgangseinstellung" nach Tab.5.1) aus jeweils nur einmal nach oben und einmal nach unten zu variieren. Somit waren sieben Versuche durchzuführen (Tab.6.1).

Die Variationsbereiche der Parameter wurden nach unterschiedlichen Kriterien festgelegt: Der Kleinstwert der Anlagekraft wurde gefunden, indem diese beim Schneiden mit fabrikneuen Messern soweit reduziert wurde, bis nicht mehr alle Nutzen vollständig von der Bahn

Tabelle 6.1: Einstellwerte der maschinenseitigen Verfahrensparameter und Versuchsergebnisse mit einer 0,038 mm dicken LD-Polyethylenfolie. a) Ausgangseinstellung

	Anlagekraft (N)	Schränkungswinkel (')	Eingriffswinkel (°)	Standzeit (Schnitte)
a	33	12	2.5	977.000
b	10	12	2.5	533.500
c	100	12	2.5	2.563.000
d	33	6	2.5	2.993.000
e	33	36	2.5	67.750
f	33	12	1.13	66.600
g	33	12	5.9	3.284.000

abgetrennt wurden. Der Größtwert der Anlagekraft war in etwa der gleiche, wie ihn Anstice /30/ in einem Rollenschneider eingestellt hatte. Der Kleinstwert des Schränkungswinkels wurde mit 6' willkürlich auf die Hälfte seines Ausgangseinstellwertes von 12' festgelegt. Sein Größtwert war konstruktiv auf 36' begrenzt. Das galt auch für den Eingriffswinkel, der nicht unter $1{,}13^{o}$ und nicht über $5{,}9^{o}$ einstellbar war.

Jeder Versuch wurde erstmals nach 30.000 Schnitten unterbrochen, um die in Kap.5.1 genannten Messungen an den Messern vorzunehmen. Da anzunehmen war, daß der Verschleiß mit der Schnittzahl immer langsamer wachsen würde (Kap.4.6), wurden die folgenden Messungen in größer werdenden Abständen vorgenommen: nach 44.444, 66.666, 100.000, 150.000, 225.000, 337.500 Schnitten usw.

6.2 Standzeiten und Standzeitkriterium

Das wichtigste Ergebnis der Schneidversuche ist in Tabelle 6.1 und in Bild 6.1 dargestellt. Demnach hängt die Messerstandzeit beim Schneiden einer 0,038 mm dicken LL-Polyethylenfolie in einem Guillotinenquerschneider in hohem Maße von den drei Einstellgrößen

Anlagekraft,
Schränkungswinkel und
Eingriffswinkel

ab. Die längsten Standzeiten wurden bei der größten eingestellten Anlagekraft, mit dem größten Eingriffswinkel und dem kleinsten Schränkungswinkel erreicht. Die Schnittkantenqualität war in allen Versuchen bis zum letzten Schnitt gleichmäßig gut (Kap.6.4), und die Schneidkräfte waren recht niedrig (Kap.6.6). Folglich müssen möglichst große Werte der Anlagekraft, kleine Schränkungs- und große Eingriffswinkel uneingeschränkt als günstig zum Erreichen langer Messerstandzeiten angesehen werden.

Ein weiteres wichtiges Ergebnis ist, daß in allen Versuchen das Erreichen der Messerstandzeit davon gekennzeichnet war, daß einzelne Nutzen an den Stellen ihrer Schnittkanten, die unmittelbar neben der inneren Bahnkante waren, aneinander hängenblieben (Bild 6.2), während die Schnittkante im übrigen Teil einwandfrei war. In der Praxis verursachen solche in einer langen Reihe zusammenhängende Nutzen Maschinenstörungen. Folglich ist dieses Phänomen als Standzeitkriterium für das Guillotinenquerschneiden von Kunststoffolien geeignet.

Die Definition der Standmenge und der Standzeit stützt sich auf dieses Standzeitkriterium: Die Standmenge N ist diejenige Anzahl von Schnitten, die mit einem Messerpaar möglich ist, bevor die Nutzen an mindestens einer Stelle ihrer Schnittkanten aneinander hängen bleiben. Die Standzeit T ist beim Guillotinenquerschneiden der Zeitpunkt, zu dem erstmals Nutzen aneinander hängen bleiben.

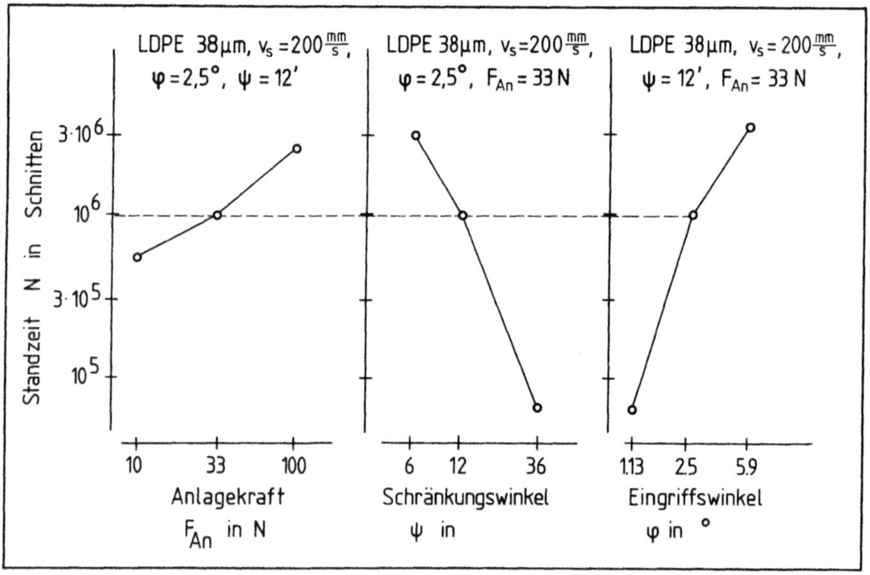

Bild 6.1: Einfluß der Einstellgrößen Anlagekraft, Schränkungs- und Eingriffswinkel auf die Messerstandzeit im Guillotinenquerschneider (im doppelt - logarithmischen Maßstab). (gestrichelte Linie: Ausgangseinstellung).

Bild 6.2: Aneinander hängende Nutzen.

6.3 Verschleiß

6.3.1 Entwicklung der Verschleißfläche

In allen Versuchen erschien das durch den Verschleiß abgetragene Werkstoffvolumen im Querschnitt durch die Messerschneiden als spitzwinkliges Dreieck in der Form, wie es in Kap.4.4 als Freiflächenverschleiß abgeleitet worden war. Diese Übereinstimmung bestätigt die dort getroffene Annahme, daß die Messer durch ihre Reibung aneinander verschleißen, und rechtfertigt die Verwendung der in Kap.5.4 definierten Verschleißmeßgrößen.

Um die Entwicklung des Verschleißes mit der Anzahl der Schnitte darzustellen und zu untersuchen, welchen Einfluß die geschnittene LD-Polyethylenfolie darauf hatte, wurden die Meßwerte des Schneidbereichs getrennt von denen des Innen- und Außenbereichs ausgewertet. Die im Bild 6.3 eingetragenen Werte sind jeweils das arithmetische Mittel aus den Einzelmeßwerten der jeweiligen Bereiche.

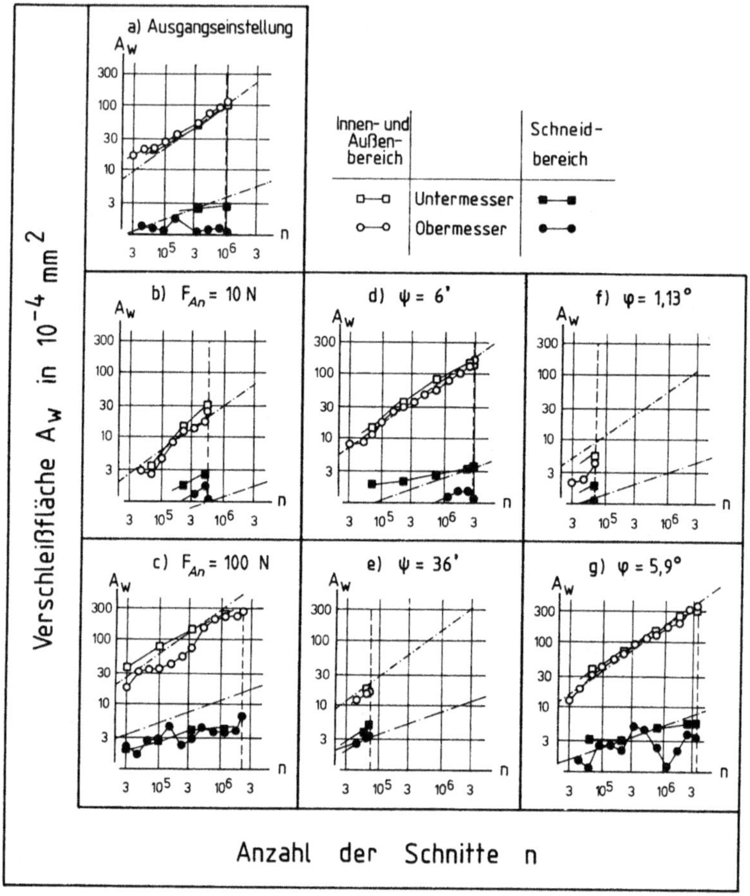

Bild 6.3: Entwicklung der Verschleißfläche im Schneid- und im Innen- und Außenbereich von Ober- und Untermesser mit der Anzahl der Schnitte in Abhängigkeit von den drei maschinenseitigen Verfahrensparametern Anlagekraft F_{An}, Schränkungswinkel ψ und Eingriffswinkel ϕ (im doppelt-logarithmischen Maßstab). (gestrichelte Linien: Standmenge, strich-punktierte Linie: rechnerischer Verschleißverlauf.)

Die Verschleißfläche entwickelte sich in allen Versuchen in etwa kontinuierlich mit der Anzahl der Schnitte (Bild 6.3). Im Schneidbereich wuchs sie jedesmal sehr viel langsamer als im Innen- und Außenbereich, so daß sie dort bei der ersten Versuchsunterbrechung nach 30.000 Schnitten 5 bis 10 mal und bei Erreichen der jeweiligen Standzeit bis zu 50 mal kleiner war. Die LD-Polyethylenfolie übte also offensichtlich einen hemmenden Einfluß auf die Entwicklung des Freiflächenverschleißes aus und kann in dieser Hinsicht einem zwischen die Messer eingebrachten Schmierstoff verglichen werden. Ein solches Phänomen war bisher - außer von Suchenko /34/, der eine verschleißmindernde Wirkung von paraffiniertem Papier beim Hackquerschneiden feststellte (Kap.3.5) - noch nicht beschrieben worden, war aber auch in den Vorversuchen zur vorliegenden Arbeit /69,70/ beim Schneiden einer Polypropylen-, einer Zellglas- und einer mit Titan-Dioxid gefüllten Polyethylenfolie zu beobachten. Man muß daher annehmen, daß noch weitere Packstoffe verschleißhemmend wirken, und daß dieses Phänomen typisch für das Guillotinenschneidverfahren ist.

Der Einfluß der drei variierten Verfahrensparameter war in den Innen- und Außenbereichen deutlich zu erkennen, wo die Verschleißfläche umso schneller wuchs, je größer die Anlagekraft und der Eingriffswinkel und - in geringerem Maße - der Schränkungswinkel waren (Bild 6.3).

Im Schneidbereich war dieser Einfluß nicht eindeutig festzustellen, weil dort die Meßwerte teilweise erheblich schwankten und gelegentlich sogar ein - physikalisch unmögliches - negatives Verschleißwachstum anzeigten. Dies lag daran, daß die Verschleißfläche im Schneidbereich oft so klein war, daß sie selbst mit dem Lichtschnittmikroskop kaum noch aufzulösen und auszumessen war.

6.3.2 Entwicklung des Verschleißwinkels und Entstehung von Übergangsgebieten

Sehr viel interessanter als die Entwicklung der Verschleißfläche war im Hinblick auf die Vorgänge, die zum Versagen der Messer führten, die Auftragung der Verschleißmeßgrößen über der Schneidenlänge. Dazu wird zunächst beispielhaft der Versuch mit der Einstellung der Ausgangswerte besprochen. Anschließend werden die Ergebnisse der Versuche mit der Variation der Anlagekraft, des Schränkungs- und des Eingriffswinkels diskutiert.

Nach Erreichen der Standzeit war in der Auftragung der Verschleißhöhe, -breite und -fläche über der Schneidenlänge der verschleißhemmende Einfluß des Packstoffs deutlich sichtbar, weil alle drei Verschleißmeßgrößen im Schneidbereich sehr viel kleiner als außerhalb davon waren (Bild 6.4a-d). Der Übergang von den Meßwerten des Schneidbereichs zu denen des Innen- und des Außenbereichs erfolgte nicht sprunghaft, sondern näherungsweise stetig. In der Umgebung der Stelle des Messers, wo dieses die innere Bahnkante zu durchschneiden hatte, konnte so ein "inneres Übergangsgebiet" als der Bereich des stetigen Übergangs von großen zu kleinen Meßwerten der Verschleißhöhe, -tiefe und -fläche definiert werden, an der äußeren Bahnkante entsprechend ein "äußeres Übergangsgebiet".

Der Verschleißwinkel bei Erreichen der Standzeit war - außer in den Übergangsgebieten - im Schneid- und im Innen- und Außenbereich in etwa gleich groß und nahe dem rechnerischen Wert von $4{,}5^{o}$ nach Gleichung (4.3.4). Im inneren Übergangsgebiet war er mit Werten bis 31° demgegenüber sehr groß, im äußeren hingegen mit Werten bis 1° klein. Damit erschien der tatsächliche Keilwinkel im inneren Übergangsgebiet nach Gleichung (4.4.1) mit Werten bis zu 105° als recht stumpfwinklig; das bedeutet, daß dort die Schneidengeometrie stark verändert war. Da die Nutzen bei Erreichen der Standzeit genau an der Stelle ihrer Schnittkanten aneinander hängenblieben, die messerseitig dem inneren Übergangsgebiet entsprach (Kap.6.2), lag es nahe, einen Zusammenhang zwischen dem Versagen der Messer und der Ausbildung dieser Gebiete zu vermuten. Entsprechend der geringfügigen Veränderung der Messergeometrie hatte das äußere Übergangsgebiet in keinem Fall Einfluß auf die Schneidfähigkeit der Messer.

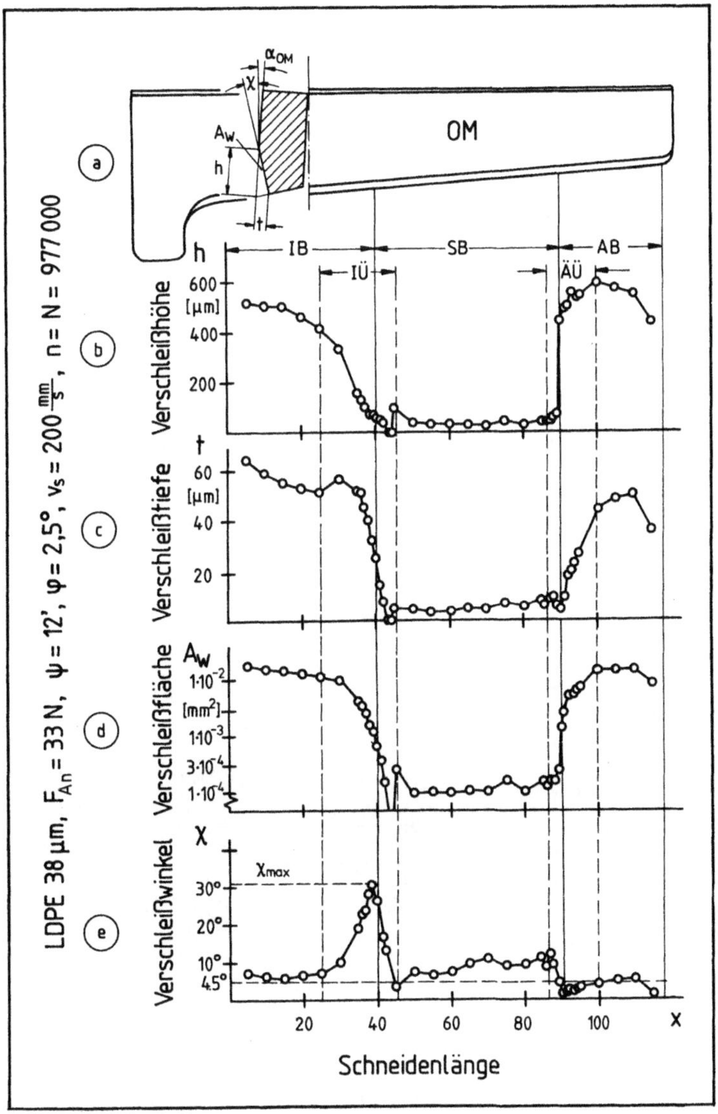

Bild 6.4: Durch Verschleiß veränderte Schneidengeometrie eines Obermessers nach Erreichen seiner Standzeit von 977.000 Schnitten.

Im weiteren Verlauf der Arbeit erwies es sich als zweckmäßig, die Ausprägung des inneren Übergangsgebietes bei Erreichen der Standzeit durch den Größtwert des Verschleißwinkels in diesem zu charakterisieren. Dieser wird kurz "maximaler Verschleißwinkel χ_{max}" genannt.

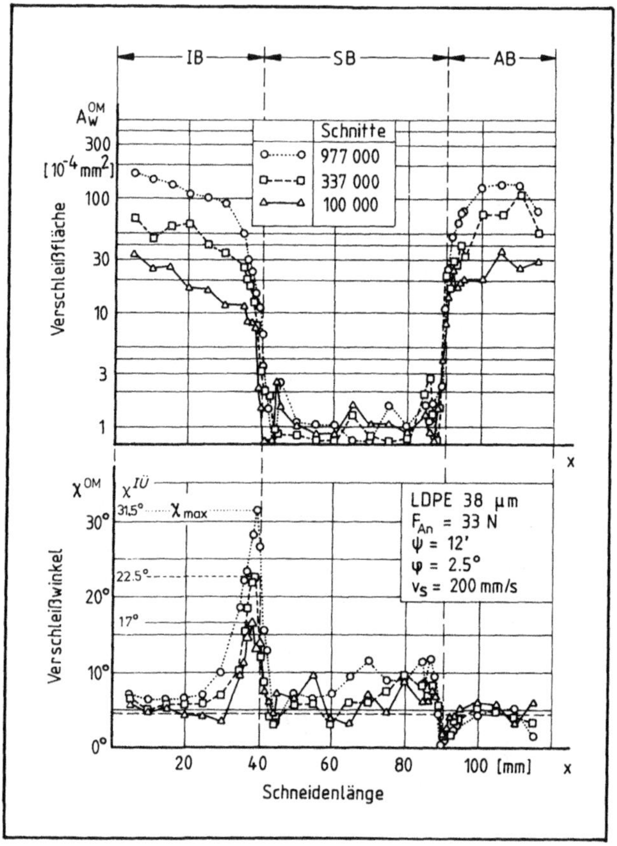

Bild 6.5: Entwicklung von Verschleißfläche und -winkel entlang der Obermesserschneide. (Ausgangseinstellung nach Tab. 5.1; Schnittgut: 0,038 mm dickes LDPE; gestrichelte Linie: rechnerischer Verschleißwinkel nach Glg.4.3.4).

Die zeitliche Entwicklung des inneren Übergangsgebietes wird im Bild 6.5 deutlich: Mit zunehmender Anzahl der Schnitte prägte es sich einerseits in x-Richtung, andererseits in Richtung größerer Werte des Verschleißwinkels immer weiter aus. Der maximale Verschleißwinkel wurde definitionsgemäß mit der Standzeit erreicht. Bild 6.6 soll eine Vorstellung vom Aussehen der Messergeometrie im Bereich des inneren Übergangsgebietes vermitteln. Dabei ist das Obermesser nicht dargestellt, weil Ober- und Untermesser dieselben Verschleißerscheinungen und mit guter Näherung auch gleiche Verschleißmeßwerte aufwiesen.

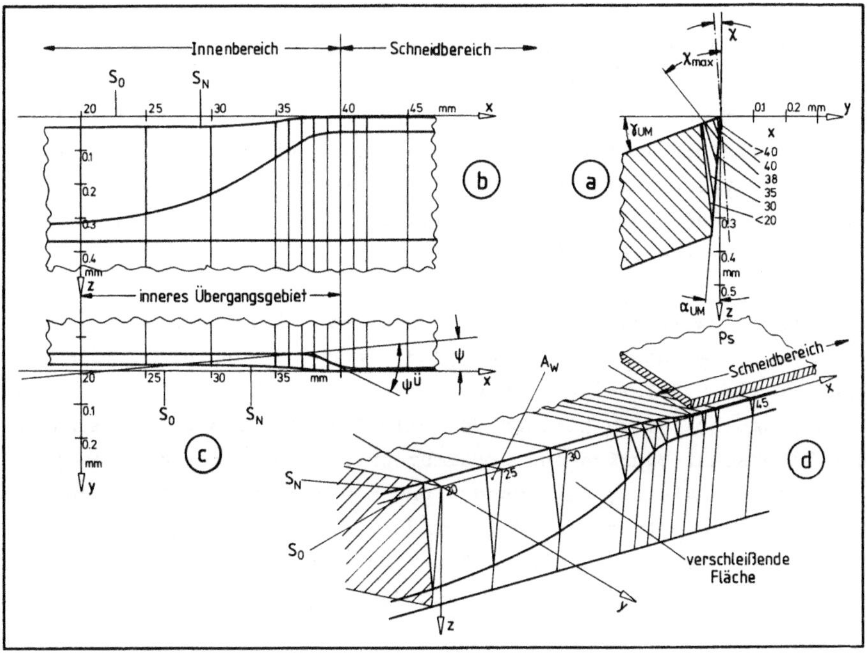

<u>Bild 6.6:</u> Untermesser mit innerem Übergangsgebiet nach Erreichen seiner Standzeit in idealisierter Darstellung.

a) Seitenansicht,

b) Vorderansicht,

c) Draufsicht,

d) Schrägansicht.

Qualitativ genauso wie im Versuch mit der Ausgangseinstellung (Bilder 6.4 bis 6.6) hatte sich der Verschleiß bei Erreichen der Standzeit in allen anderen Versuchen ausgebildet (Bild 6.7). Jedesmal war die Verschleißfläche im Schneidbereich sehr viel kleiner als im Innen- und Außenbereich und der Verschleißwinkel im inneren Übergangsgebiet deutlich größer als in den übrigen Bereichen der Schneide. Außerhalb der Übergangsgebiete lag der Verschleißwinkel stets in der Nähe des Wertes, der nach Gleichung (4.3.4) errechnet wurde (gestrichelte Geraden in Bild 6.7). Dementsprechend war er umso größer, je größer der Schränkungs- und je kleiner der Eingriffswinkel war; die Anlagekraft hatte keinen Einfluß auf ihn.

Es bestanden aber auch deutliche quantitative Unterschiede zwischen den einzelnen Versuchen. Diese betrafen nicht nur die Größe der Verschleißfläche, die je nach Einstellwerten und erreichter Standzeit unterschiedlich war (vgl. Kap.6.3.1), sondern vor allem den maximalen Verschleißwinkel, der meistens um 30°, bei Einstellung von 10 N Anlagekraft jedoch 24° (Bild 6.7b) und bei 100 N Anlagekraft 51° betrug (Bild 6.7c).

Im übrigen waren die Schwankungen des Verschleißwinkels um den Rechenwert besonders dann sehr groß, wenn die Verschleißfläche kleiner als 0,001 mm^2 war. Dies lag - wie schon gesagt (Kap.6.3.1) - daran, daß bei solch kleinen Verschleißflächen die untere Meßgrenze des Lichtschnittverfahrens erreicht wurde. Möglicherweise beeinflußten auch kleine, fertigungs- und montagebedingte Abweichungen des Schneidenverlaufs von der Geraden, die erst bei größerem Verschleiß nach dem "Einlaufen" der Messer ausgeglichen wurden, den Schränkungs- und wegen (4.3.4) den Verschleißwinkel.

Auffällig war weiterhin, daß im Versuch mit 100 N Anlagekraft der Verschleißwinkel im Innenbereich seinen rechnerischen Wert nicht erreichte (Bild 6.7c). Dies erklärt sich daraus, daß in diesem Versuch die Verschleißflächen außerordentlich groß wurden und sich deshalb die Verschleißvorgänge im Bereich der Messerzunge - die sonst zu vernachlässigen waren - auch noch im Innenbereich auswirken konnten.

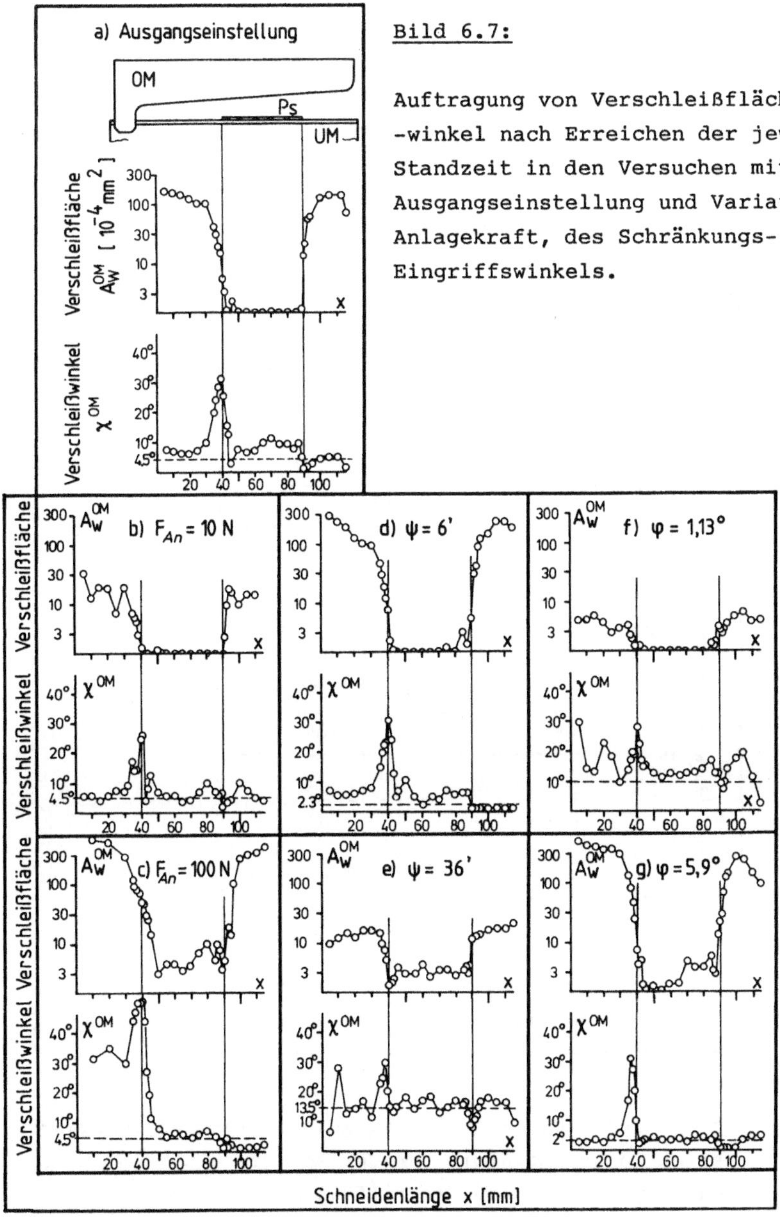

Bild 6.7:

Auftragung von Verschleißfläche und -winkel nach Erreichen der jeweiligen Standzeit in den Versuchen mit der Ausgangseinstellung und Variation der Anlagekraft, des Schränkungs- und des Eingriffswinkels.

Wegen des vermuteten Zusammenhangs zwischen der Ausbildung des inneren Übergangsgebietes und dem Versagen der Messer wurde die Entwicklung des Verschleißwinkels in diesem Gebiet nochmals gesondert betrachtet (Bild 6.8). Dabei ist der Einfluß der Verfahrensparameter Schränkungs- und Eingriffswinkel deutlich zu erkennen. Eine besonders lange Standzeit wurde im Versuch mit sehr

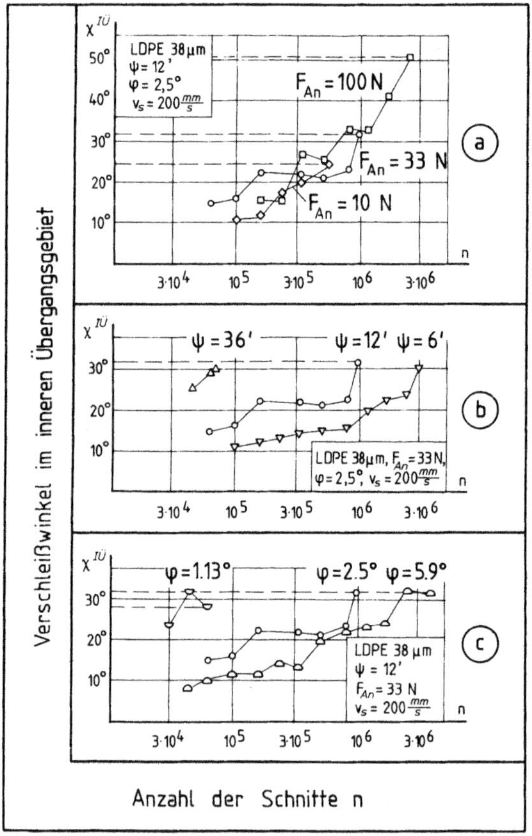

Bild 6.8: Entwicklung des Verschleißwinkels im inneren Übergangsgebiet in Abhängigkeit von der Anlagekraft, dem Schränkungs- und dem Eingriffswinkel.

großem Eingriffswinkel ebenso wie in dem mit sehr kleinem Schränkungswinkel (Bild 6.8b und c) deshalb erreicht, weil sich das Übergangsgebiet hierbei sehr langsam ausbildete. Demgegenüber war die Standzeit bei kleinem Eingriffs- und bei großem Schränkungswinkel so kurz, weil das Übergangsgebiet schon nach relativ wenigen Schnitten im Sinne eines großen Verschleißwinkels voll ausgeprägt war. Die Anlagekraft hatte auf die Entwicklung des Verschleißwinkels im inneren Übergangsgebiet hingegen keinen Einfluß (Bild 6.8a). Der Zusammenhang, der hier zwischen dem Schränkungs-, dem Eingriffswinkel, der Schnittzahl und der Entwicklung des inneren Übergangsgebietes erkennbar ist, wird in Kap.7.3 näher untersucht.

Auffälligerweise versagten die Messer in den Versuchen mit Variation des Schränkungs- und des Eingriffswinkels immer dann, wenn der Verschleißwinkel im inneren Übergangsgebiet einen Wert von ca. 30° erreicht hatte. Bei sehr großer Anlagekraft hingegen war die Standzeit offenbar nur deshalb länger als bei sehr kleiner Anlagekraft, weil die Nutzen erst bei einem maximalen Verschleißwinkel von 51° und nicht schon bei 24° aneinander hängenblieben. Daraus ist zu schließen, daß die Messer beim Schneiden eines bestimmten Packstoffs dann versagen, wenn der Verschleißwinkel im inneren Übergangsgebiet einen bestimmten Grenzwert überschreitet, welcher wiederum von der Anlagekraft abhängt. Dieser Zusammenhang wird in Kap.7.4 erklärt.

6.3.3 Andere Verschleißerscheinungen

Zusätzlich zum Freiflächenverschleiß, der in allen Versuchen vom Erscheinungsbild und von seinen Auswirkungen her dominierte, wiesen die Schneiden der Messer andere kleine Deformationen, also Abweichungen vom Idealbild. Diese werden durch die Größen "Schartigkeit" (Kap.5.4) und "Grathöhe" (Bild 5.5) beschrieben.

Die Schartigkeit der Schneiden blieb in allen Versuchen unter 15 µm (Bild 6.9). Sie entwickelte sich von einem jeweiligen Anfangswert, der von Versuch zu Versuch unterschiedlich war, weg und erreichte spätestens nach 300.000 Schnitten ihren Endwert in der Größenordnung von 3 bis 6 µm. Dieser Endwert wurde in allen Versuchen beobachtet,

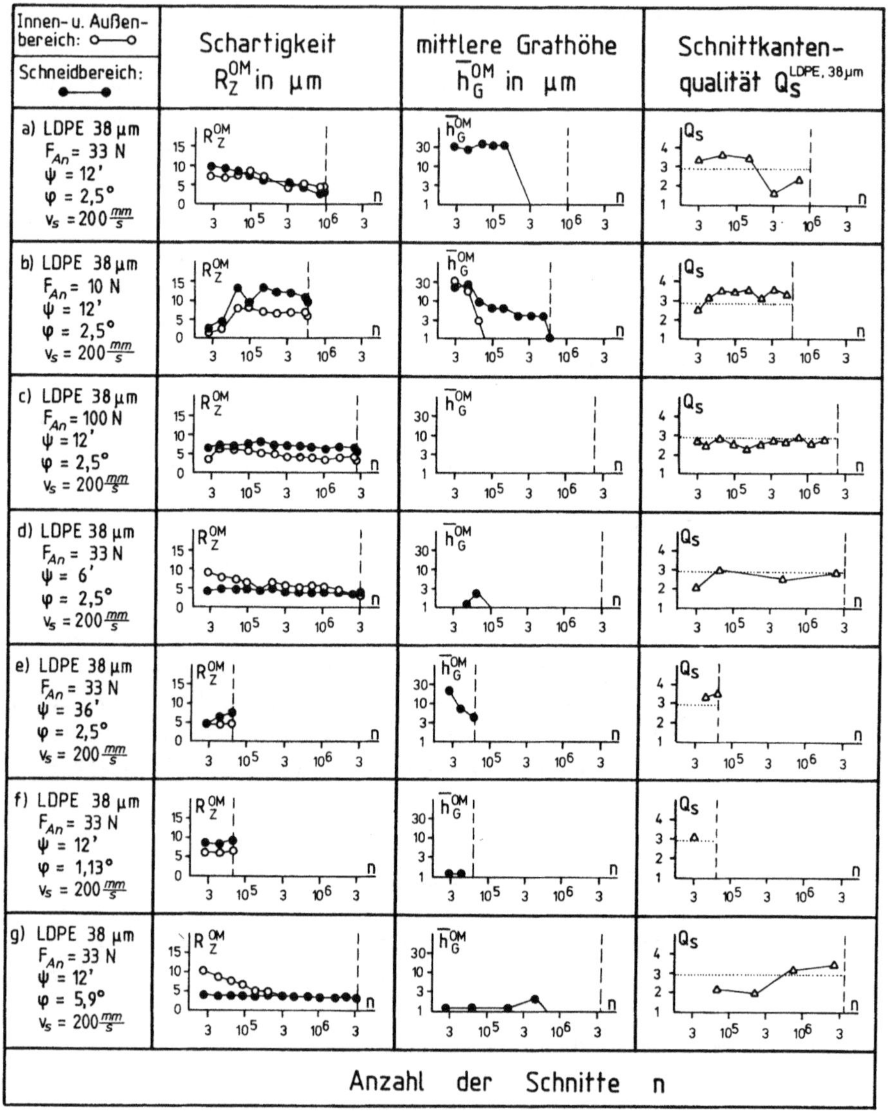

Bild 6.9: Entwicklung der Schartigkeit, der mittleren Grathöhe und der Schnittkantenqualität in verschiedenen Versuchen.

in denen eine Standzeit von wenigstens einer Million Schnitten erreicht wurde. Im Versuch mit 10 N Anlagekraft blieb die Schartigkeit im Schneidbereich bei Werten um 10 µm, nur im Innen- und Außenbereich wurde ein Wert von 5 µm nach 533.000 Schnitten erreicht. Dieses Verhalten legt die Vorstellung nahe, daß die Scharten mit zunehmendem Freiflächenverschleiß abgeschliffen werden, was bei großer Anlagekraft und großem Verschleiß in den Innen- und Außenbereichen schneller vor sich geht als bei kleinem Verschleiß und geringer Anlagekraft. Ein gesicherter Zusammenhang zwischen der Schartigkeit einerseits und einem der Meßwerte für die Größe des Freiflächenverschleißes konnte jedoch nicht hergestellt werden. Da die Schartigkeit der Schneiden die Schnittqualität der Packstoffe und die Standzeit der Messer nicht meßbar beeinflußte, blieb sie für das untersuchte Schneidverfahren ohne Bedeutung.

Auf der Seite ihrer Druckfläche war an den Schneiden aller Messer zu Versuchsbeginn ein 0,01 bis 0,03 mm hoher Schleifgrat festzustellen (Bild 6.9). Er brach während der Versuchszeit stückweise ab, bis er nach einer bestimmten Anzahl von Schnitten vollständig entfernt war. Dies dauerte je nach der anfänglichen Höhe des Grates und den Einstellwerten unterschiedlich lange. In den Innen- und Außenbereichen und im Versuch mit sehr hoher Anlagekraft war er bereits bei der ersten Schneidunterbrechung nach 30.000 Schnitten nicht mehr feststellbar. Bei 10 N Anlagekraft hingegen dauerte es im Innen- und Außenbereichen 100.000 und im Schneidbereich 533.000 Schnitte, bis er über seiner ganzen Länge abgebrochen war. Auf die Standzeit der Messer und die Schnittkantenqualität hatte auch der Grat keinen feststellbaren Einfluß.

6.3.4 Verschleißmechanismen

Ursache für die unterschiedliche Verschleißentwicklung waren verschiedene Verschleißmechanismen, wie die Untersuchung der verschleißenden Flächen unter dem Rasterelektronenmikroskop zeigte; denn nach /80/ kann der wirksame Verschleißmechanismus anhand der charakteristischen Oberflächenmerkmale erkannt werden (Kap.5.4). Nach Abschluß des Versuchs mit 100 N Anlagekraft wurde deshalb

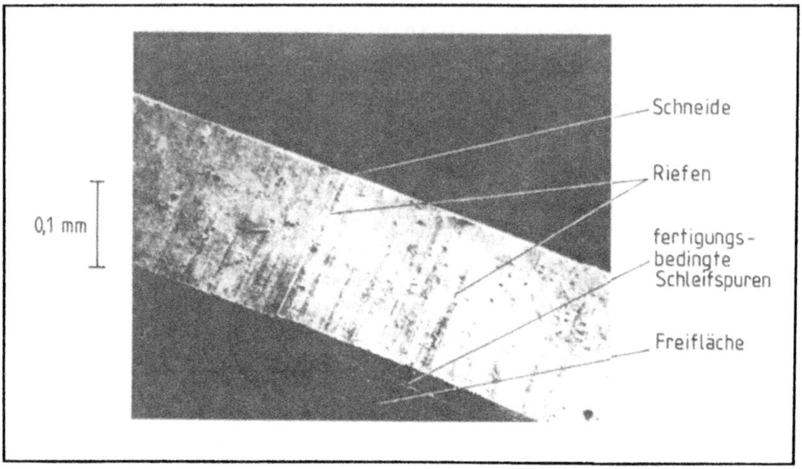

Bild 6.10: Aufsicht auf die Freifläche und die verschleißende Fläche eines Untermessers im Innenbereich. (Ausgangseinstellung nach Tab.5.1, aber 100 N Anlagekraft, Schnittgut: LDPE, 0,038 mm dick.)

Bild 6.11: Aufsicht auf die Freifläche und die verschleißende Fläche eines Untermessers im Schneidbereich. (Ausgangseinstellung nach Tab.5.1, aber 100 N Anlagekraft, Schnittgut: LDPE, 0,038 mm dick.)

die verschleißende Fläche des Untermessers unter dem Rasterelektronenmikroskop untersucht.

Im Innenbereich zeigt die verschleißende Fläche Riefen, Furchen und Kratzer (Bild 6.10), die genau in der Bewegungsrichtung des Obermessers verlaufen. Nach /4,17,85,86,87/ liegt also abrasiver Verschleiß vor. In der verschleißenden Fläche des Schneidbereichs (Bild 6.11) deuten Risse, Grübchen und Ausbrüche nach /4,85,86,88, 89/ auf Verschleiß durch Ermüdung und durch nachfolgendes Abplatzen der oberflächennahen Werkstoffschichten.

Ursache für die unterschiedlichen Verschleißmechanismen wiederum waren verschiedene Reibungszustände, die man erkennt, wenn man an Ober- und Untermesser eine elektrische Spannung anlegt und deren zeitlichen Verlauf aufzeichnet (Kap.5.6). Solange sich die Messer in ihren Innen- und Außenbereichen, an der Messerzunge oder -spitze berührten, war der Spannungsabfall stets Null (Bild 6.12). Folglich bestand dauernder metallischer Kontakt zwischen den Messern, und es

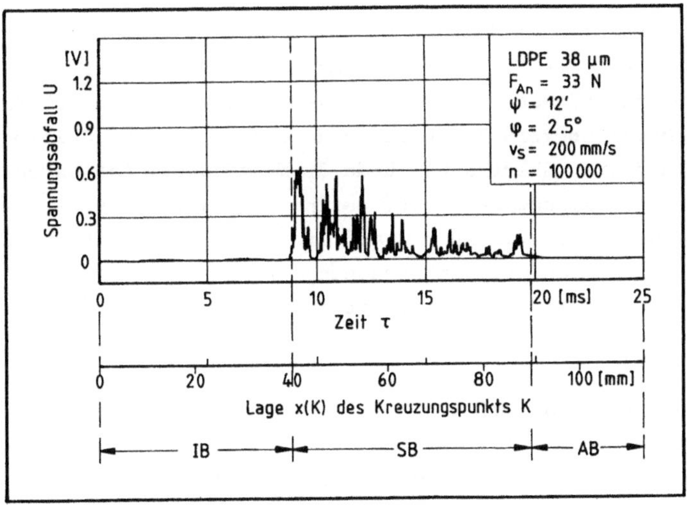

Bild 6.12: Zeitlicher Verlauf des Spannungsabfalls als Maß für den Reibungszustand zwischen Ober- und Untermesser.

herrschte trockene Reibung. Kreuzten sich die Schneiden jedoch innerhalb des Schneidbereichs, pendelte die Spannung zwischen 0 und 0,6 Volt, was anzeigt, daß der metallische Kontakt immer wieder kurzfristig unterbrochen wurde. Es lag folglich Mischreibung vor.

Der trockenen Reibung im Innen- und Außenbereich entsprach also ein intensiver Abrasivverschleiß. Dies bestätigt die Feststellung in /66/, wo unter vergleichbaren Bedingungen ebenfalls abrasiver Verschleiß beobachtet wurde. Im Schneidbereich wurde dieser infolge der Mischreibung offensichtlich vollständig verhindert. Der stattdessen zu beobachtende Ermüdungsverschleiß mit geringer Intensität dürfte eine Folge der wiederholten Wechselbeanspruchung sein, die in diesem Bereich, wo die Verschleißhöhe h in allen Versuchen sehr viel kleiner als 0,1 mm war (siehe z.B. Bild 6.4), wegen (4.6.4) mit einer Flächenpressung von über 150 N/mm^2 erfolgte.

Die Entstehung von Mischreibung im Schneidbereich kann nur dadurch erklärt werden, daß während des Trennvorgangs Bestandteile des Packstoffs in die Berührungsfläche zwischen den Messern transportiert wurden. Auf welchem Wege dies geschah, kann nur vermutet werden. Nach Kienzle /28/ reiben die Freiflächen von Trennwerkzeugen während des Trennvorgangs am Schnittgut. Bei der Reibung von Kunststoffen auf Metallen können nach /90,91,92/ Kunststoffteilchen auf die Metalloberfläche übertragen werden. Auf das Guillotinenschneidverfahren übertragen würde dies bedeuten, daß durch die gegenseitige Reibung Packstoffbestandteile auf die verschleißenden Flächen übertragen wurden und auf diesen in die Berührungsfläche gerieten. Eine genauere Untersuchung dieses Vorgangs wurde aber im Rahmen der vorliegenden Arbeit nicht vorgenommen.

Im übrigen liefert die Festellung von Ermüdungsverschleiß im Schneidbereich eine weitere Erklärung dafür, warum dort die Verschleißmeßwerte stark schwankten: Ermüdungsverschleiß entwickelt sich typischerweise unstetig, da der Abtrennung eines Verschleißpartikels eine lange Lockerungs- und Rißwachstumsphase vorausgeht (/89/, Föhl in /65/). Dementsprechend lagen im Schneidbereich

Stellen größeren Verschleißes, wo schon Verschleißpartikel abgetrennt waren, unmittelbar neben solchen geringeren Verschleißes, wo die Verschleißpartikel noch mit dem Grundwerkstoff verbunden waren. Somit wurde je nachdem, wo gemessen wurde, einmal eine größere und einmal eine kleinere Verschleißfläche festgestellt.

6.4 Schnittkantenqualität

Die Einzelwerte der Schnittkantenqualität der 0,038 mm dicken Polyethylenfolie und der anderen, in den Unterbrechungen der Schneidversuche geschnittenen Packstoffe lagen in allen Versuchen zwischen 1,0 und 4,3. Sie sind als recht gut zu beurteilen, wenn man sie mit den beim Rollenschneiden erzielbaren Werten vergleicht, die Feiler /16/ mit 3 bis 7 maß. Aber auch dann, wenn man berücksichtigt, daß die Ausreißer und Fasern um nicht mehr als 0,1 mm von der Schnittkante abstanden, sollten die abgetrennten Nutzen allen formalen und funktionellen Anforderungen der Praxis genügen.

Trotz der geringen Größe der abstehenden Fasern und der Ausreißer wurden mit dem angewandten Meßverfahren unregelmäßige Veränderungen der Schnittkantenqualitäten aufgezeichnet (Bilder 6.9 und 6.13). Es konnten aber keine signifikanten Einflüsse auf die Schnittkantenqualität isoliert werden. Auch gab es keine Werte der Anlagekraft, des Schränkungs- und des Eingriffswinkels, die Nutzen mit einer besseren Schnittkantenqualität lieferten (Bild 6.9). Insbesondere wurde ein Absinken der Schnittkantenqualität, so wie es von anderen Zerteilverfahren her bekannt ist (Kap.3), nicht beobachtet.

Daß die Schnittkantenqualitäten trotz des wachsenden Freiflächenverschleißes gleichbleibend gut waren, dürfte seine Ursache in der Nachstellbewegung des Obermessers haben. Durch diese konnte der Verschleiß ausgeglichen werden, so daß aus der Sicht des Packstoffs stets dieselbe Schneidsituation vorlag (Kap.4.4).

Da sich in den Versuchen die Schnittkantenqualität der Kunststofffolien nicht signifikant veränderte, eignet sie sich nicht dazu, die Schneidfähigkeit der Messer und die Ausprägung der Übergangsgebiete zu beurteilen und als Standzeitkriterium beim Guillotinenquerschneiden zu dienen.

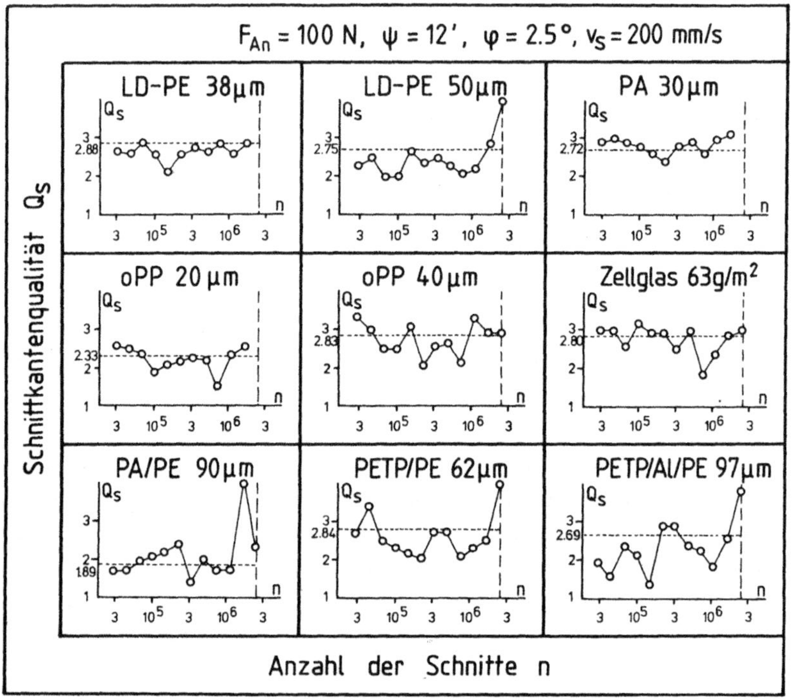

Bild 6.13: Entwicklung der Schnittkantenqualität des Schnittgutes (LDPE, 0,038 mm dick) und acht weiterer Packstoffe.

6.5 Schneidbarkeit

Definitionsgemäß wurde die Standzeit der Messer stets dann erreicht und der jeweilige Versuch beendet, wenn die Nutzen der 0,038 mm dicken LD-Polyethylenfolie nicht mehr vollständig abgeschnitten wurden, also dann, wenn diese Folie nicht mehr "schneidbar" war. Ihre Schneidbarkeit diente also als Standzeitkriterium. Um aber auch die Reaktion anderer Packstoffe auf die zunehmende Ausprägung des inneren Übergangsgebietes zu untersuchen, wurden in den Unterbrechungen der Dauerschneidversuche acht weitere Materialien geschnitten. Sie wurden dann als "nicht schneidbar" beurteilt, wenn die Nutzen aneinander hängen blieben. Dies war - wenn überhaupt - stets nur an der Stelle ihrer Schnittkanten der Fall, die messerseitig dem inneren Übergangsgebiet entsprach. Die Entwicklung von Übergangsgebieten war also auch für diese Packstoffe der Mechanismus, der ihre Schneidbarkeit begrenzte.

Die Ergebnisse der Schneidbarkeitsprüfungen sind als Säulendiagramme dargestellt (Bild 6.14). Die Höhe der nach oben hin geschlossenen Säulen entspricht dabei derjenigen Anzahl von Schnitten, bei der letztmals festgestellt wurde, daß der betreffende Packstoff noch schneidbar war. Oben offen hingegen sind die Säulen, wenn ein Packstoff am Ende des Versuches immer noch schneidbar war. Mit diesem wären demnach - gleiche Einstellungen und Verschleißvorgänge vorausgesetzt - längere Standzeiten zu erzielen als mit der 0,038 mm dicken LDPE-Folie. Ein Stern kennzeichnet die Einstellungen, bei denen der Packstoff bereits bei der ersten Schneidunterbrechung nach 30000 Schnitten nicht mehr schneidbar war. Die Säulen in der ersten Spalte des Bildes 6.14 geben die Schneidbarkeit der 0,038 mm dicken LDPE-Folie wieder; sie sind also so hoch wie der jeweilige Versuch lang war und geben nur in anderer Form die Ergebnisse aus Bild 6.1 wieder.

Differenziert man zwischen den verschiedenen Packstoffen, so waren die beiden polyester-(PETP)-haltigen Verbunde, die Zellglas- und die dickere der beiden biaxial gereckten Polypropylenfolien (oPP) mindestens gleichlang, meistens sogar länger als die 0,038 mm dicke LDPE-Folie schneidbar. Sie können somit als "besser" schneidbar gelten. Daß Zellglas besonders "gut" schneidbar ist, deckt sich mit den Erfahrungen der industriellen Praxis /8/. Umgekehrt war die Polyamidfolie (PA) im allgemeinen als "schlechter" schneidbar zu beurteilen. Bezüglich der anderen Packstoffe waren solche eindeutigen Differenzierungen nicht möglich. Im Vergleich der beiden Polypropylen- und der beiden Polyethylenfolien untereinander erschienen

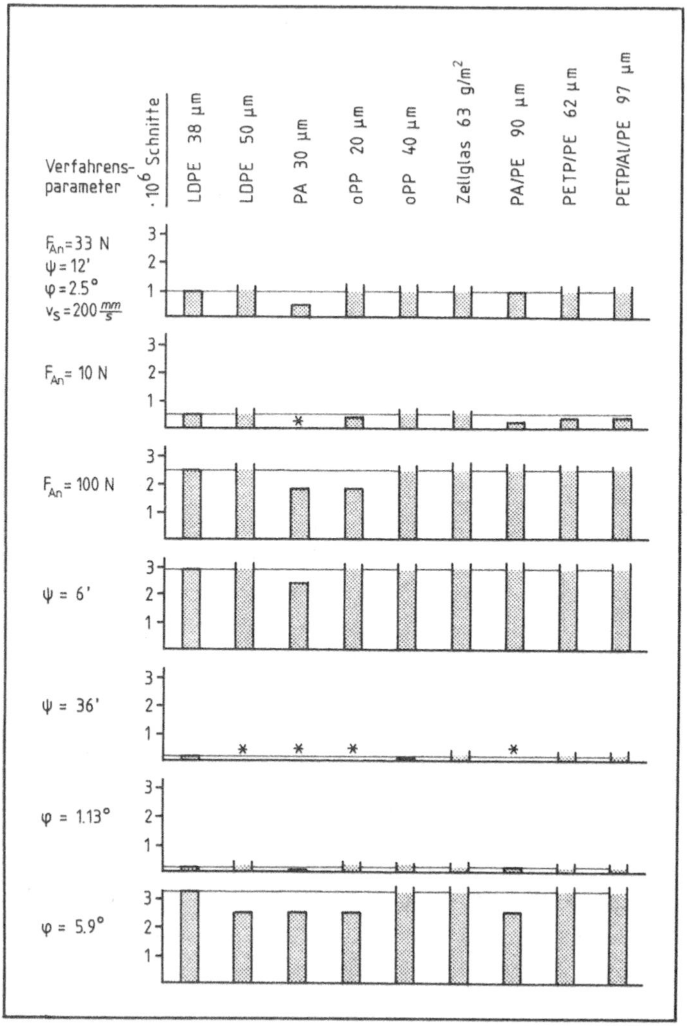

Bild 6.14: Schneidbarkeit der 0,038 mm dicken LD-Polyethylenfolie und acht weiterer Packstoffe in den Versuchen mit der Ausgangseinstellung und den variierten Werten der Anlagekraft, des Schränkungs- und des Eingriffswinkels. (Erläuterungen im Text.)

jeweils die dickeren Folien besser schneidbar als ihre dünneren Herstellungsformen.

Im Vergleich der verschiedenen Einstellungen untereinander sind, auch aus der Sicht der Schneidbarkeit, kleine Anlagekräfte und große Schränkungswinkel als grundsätzlich ungünstig zum Erreichen langer Standzeiten anzusehen. Bei kleinem Eingriffswinkel und bei Einstellung der Ausgangswerte wurden mit jeweils drei Packstoffen relativ kurze Standzeiten erreicht. Demgegenüber waren bei großer Anlagekraft, großem Eingriffswinkel und kleinem Schränkungswinkel alle Packstoffe - sogar die schlecht schneidbare PA-Folie - recht lange schneidbar. Diese Einstellungen sind offenbar generell geeignet, längere Standzeiten zu erreichen.

Abgesehen vom Einfluß der Packstoffdicke war es nicht möglich, die Schneidbarkeit der verschiedenen Packstoffe mit einer oder mehreren ihrer mechanischen Eigenschaften zu korrelieren, weil dazu nicht genügend viele Meßergebnisse zur Verfügung standen.

Die Feststellung der Schneidbarkeit zeigt, daß die Packstoffe auf die inneren Übergangsgebiete unterschiedlich reagierten. Selbst wenn die Verschleißentwicklung die gleiche ist, werden folglich mit verschiedenen Packstoffen unterschiedliche Standzeiten erreicht, weil empfindliche Materialien schon bei gering ausgeprägten Übergangsgebieten nicht mehr geschnitten werden, die Messer hingegen bei gut schneidbaren Packstoffen selbst bei stark ausgeprägten Übergangsgebieten noch nicht versagen.

6.6 Schneidkräfte

Mit dem in Kap.5.5 beschriebenen Verfahren wurde die Schneidkraftkomponente in z-Richtung F_{Sz} bestimmt. Beim Schneiden der 0,038 mm dicken LDPE-Folie betrug sie im Versuch mit der Ausgangseinstellung, aber einer auf 57 mm/s reduzierten Schneidgeschwindigkeit im Mittel 1,4 N (Bild 6.15). Bei einer Schneidgeschwindigkeit von 200 mm/s war sie nicht mehr zu messen, also kleiner als 2 N (vgl. Kap.5.5). Mit

Tabelle 6.2: Schneidkraftkomponente F_{Sz} von neun verschiedenen Packstoffen bei zwei verschiedenen Geschwindigkeiten. Einstellwerte: Ausgangseinstellung.

Packstoff	Dicke	Schneidgeschwindigkeit 57 mm/sec	200 mm/sec
LDPE	38 µm	1.4 N	*)
LDPE	50 µm	3.0 N	3.7 N
PA	30 µm	2.7 N	**)
oPP	20 µm	1.5 N	*)
oPP	40 µm	3.3 N	2.6 N
Zellglas	63 g/m²	4.0 N	3.5 N
PA/PE	90 µm	9.2 N	10.3 N
PETP/PE	62 µm	3.7 N	4.0 N
PETP/Al/PE	97 µm	9.1 N	9.5 N

*) Nicht meßbar, also kleiner als 2 N.
**) Nicht zu den Messern transportierbar.

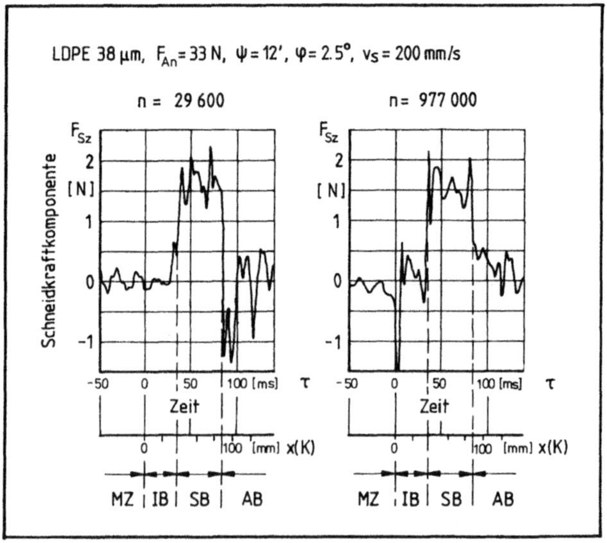

Bild 6.15: Schneidkraftkomponente F_{Sz} zu Beginn des Versuches mit der Ausgangseinstellung und nach Erreichen der Standzeit mit einer nur während der Kraftmessung auf 57 mm/s reduzierten Schneidgeschwindigkeit.

derselben Einstellung wurden die F_{Sz} beim Schneiden der anderen Packstoffe zu 1,5 bis 10,3 N gemessen (Tab.6.2).

Der Einfluß der Schneidgeschwindigkeit auf die Schneidkraftkomponente F_{Sz} war gering (Tab.6.2), was sich mit den Erfahrungen anderer /16/ deckt. Auch Anlagekraft und Schränkungswinkel hatten keinen Einfluß auf F_{Sz}. Hingegen wurde F_{Sz} mit zunehmendem Eingriffswinkel kleiner (Bild 6.16), was gut mit dem bekannten Zusammenhang (4.5.6) übereinstimmt (strich-punktierte Linie in Bild 6.16).

Unabhängig von der Anzahl der Schnitte blieb die Schneidkraftkomponente F_{Sz} während des jeweiligen Versuches unverändert (Beispiel in Bild 6.15). Sie war aber auch an allen Stellen des Schneidbereichs - soweit meßtechnisch auflösbar - gleich groß.

Ein Zusammenhang zwischen F_{Sz} und der Schneidbarkeit oder der Schnittkantenqualität der verschiedenen Packstoffe oder ein Einfluß des Freiflächenverschleißes oder der Übergangsgebiete darauf waren nicht festzustellen. Deshalb eignet sich die Schneidkraftkomponente

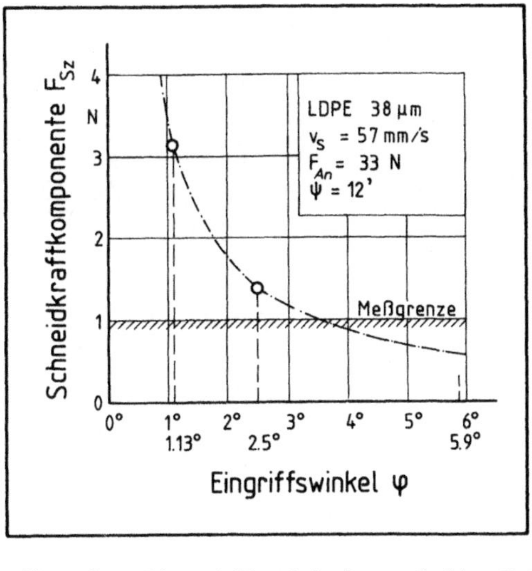

Bild 6.16: Einfluß des Eingriffswinkels auf die Schneidkraftkomponente F_{Sz}. (strich-punktierte Linie: rechnerischer Zusammenhang nach Glg. 4.5.6.)

F_{Sz} im Zusammenhang mit dem Guillotinenschneidverfahren nicht zur Beurteilung der Messer oder des Packstoffes.

Die Abdrängkraft nahm in allen Versuchen mit der Schnittzahl zu. Mit der Standzeit erreichte sie den Wert der Anlagekraft und damit die in Bild 6.17 aufgetragene Größe "Abdräng- zu Anlagekraft" den Wert eins. Offenbar versagen die Messer genau dann, wenn die Abdrängkraft gleich der Anlagekraft ist. Wegen eines Meßfehlers wurde in Bild 6.17 die Abdrängkraft im Versuch mit 100 N Anlagekraft nicht berücksichtigt.

In den Versuchen mit kurzer Standzeit war die Abdrängkraft bereits bei der ersten Schneidunterbrechung nach 30.000 Schnitten im Verhältnis zur Anlagekraft recht hoch, während sie zu Beginn der Versuche mit kleinem Schränkungs- und mit großem Eingriffswinkel, in denen lange Standzeiten erreicht wurden, sehr niedrig lag. In jedem Falle war dann, wenn die Abdrängkraft einen Wert von 80 bis 90 % der Anlagekraft überschritt, nur noch mit einer kurzen Reststandzeit der Messer zu rechnen. Folglich könnte man im praktischen Betrieb diesen Wert der Abdrängkraft als Anlaß zum Auswechseln oder

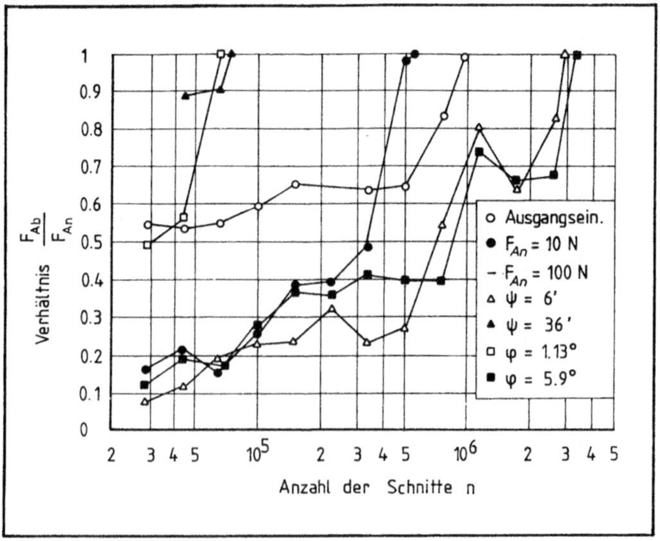

Bild 6.17: Entwicklung des Verhältnisses von Abdrängkraft F_{Ab} zu Anlagekraft F_{An} mit der Anzahl der Schnitte n. (Schnittgut: LDPE, 0,038 mm dick, v_s = 200 mm/s.)

Nachschleifen der Messer nehmen. Die Größe der Abdrängkraft erscheint deshalb zur Beurteilung des Schneidenzustands geeignet. Unter Betriebsverhältnissen ist sie allerdings nur umständlich zu messen; denn dazu ist die Anlagekraft soweit zu reduzieren, daß erste Nutzen aneinander hängenbleiben, was im allgemeinen eine Maschinenstörung auslösen dürfte.

Nach Gleichung (5.5.3) ist die Abdrängkraft F_{Ab} gleich der Komponente der Schneidkraft in y-Richtung F_{Sy}. Nach Gleichung (4.5.7) kann aber F_{Sy} nicht mehr als doppelt so groß wie F_{Sz} , also beim Schneiden der 0,038 mm dicken LD-Polyethylenfolie im Versuch mit der Ausgangseinstellung nicht größer als 4 N sein. Vergleicht man F_{Sy} mit der in diesem Versuch gemessenen Abdrängkraft von bis zu 33 N, so ergibt sich hier ein Widerspruch. Dieser wird mit dem in Kap.7.4 abgeleiteten Modell des Versagensmechanismus erklärt.

Die Größe des Reibungskoeffizienten μ_{MM} zwischen den Messern ist nach Kap.4.5 notwendig, um die Gefahr der Selbsthemmung zwischen den Messern zu beurteilen. Sie ist nach Beziehung (5.5.4) aus den unter dem Untermesser gemessenen Kräften F_{Kz} zu berechnen. Diese betrugen im Versuch mit der Ausgangseinstellung beim Schneiden der 0,038 mm dicken LDPE-Folie im Mittel 5,3 N im Schneidbereich und 22,7 N im Innen- und Außenbereich. Der Reibungskoeffizient errechnet sich dann zu 0,04 im Schneid- und zu 0,58 im Innen- und Außenbereich. Die Gefahr der Selbsthemmung bestand wegen (4.5.11) damit bei Verschleißwinkeln von 59° und mehr, wenn man zur Sicherheit den höheren Reibungskoeffizienten als in diesem Fall wirksam unterstellt. Selbst im Versuch mit 100 N Anlagekraft, in dem ein maximaler Verschleißwinkel von 51° erreicht wurde, war demnach die Schneideinrichtung durch Selbsthemmung der Messer nicht gefährdet.

6.7 Diskussion

Die Entstehung von Übergangsgebieten ist offensichtlich derjenige Vorgang beim Guillotinenquerschneiden von dünnen Kunststoffolien, der das Versagen der Messer verursacht. Dies geschieht, indem die Nutzen an der Stelle ihrer Schnittkante, die messerseitig dem inneren Übergangsgebiet entspricht, an der Packstoffbahn hängenbleiben, also nicht vollständig abgeschnitten werden. Hinsichtlich des Versagensvorgangs und des Einflusses der maschinenseitigen Verfahrensparameter auf die Standzeit unterscheidet sich das Guillotinenquerschneiden von allen anderen Zerteilverfahren (vgl. z.B. /6,16,27,30/): Hier sind zusammenhängende Nutzen das Standzeitkriterium, während dort die Schnittkantenqualität, der Schneidstaub oder die Höhe des Grates am Schnittgut beurteilt werden. Hier ist zwar der Einfluß der Überlappung (die dem Eingriffswinkel beim Guillotinenschneiden entspricht) und des Schränkungswinkels dem Rollenschneiden vergleichbar, aber die Anlagekraft wirkt im gegenteiligen Sinn.

Eine Wertung der erreichten Standzeiten ist schwierig, da für das Guillotinenquerschneiden keine vergleichbaren Zahlen bekannt sind. Beim Rollenschneiden von Papieren sind zwischen 70.000 und 2,7 Millionen Umdrehungen der Werkzeuge möglich /30/; beim Stanzen von Metallblechen versagen die Werkzeuge nach einigen Zehntausend Hüben /52/; beim Hackquerschneiden von Papier werden mit Schnellstahlwerkzeugen bis zu 6,5 Millionen Schnitte /34/ und von Kunststoffolien mit Hartmetallwerkzeugen angeblich über 20 Millionen Schnitte erreicht /93/. Verglichen mit dem Rollenschneiden scheint damit das Guillotinenquerschneiden leistungsfähiger, verglichen mit dem Hackquerschneiden hingegen weniger leistungsfähig zu sein.

Zu einer Bewertung des Einflusses der drei Verfahrensparameter Anlagekraft, Schränkungs- und Eingriffswinkel auf die Standzeit gelangt man durch den folgenden Vergleich: Bei einem Schränkungswinkel von 36' war in den Versuchen die Standmenge mit 67.750 Nutzen 44 mal kleiner als bei einem Wert von 6', wo 2.993.000 Nutzen geschnitten wurden. Das Verhältnis von längster zu kürzester Standzeit betrug bei der Variation des Eingriffswinkels 50 und bei der der Anlagekraft 5. Nach /6/ wird durch den Einsatz von Hartmetallen anstelle von Schnellstahl in Rollenscheren die Standmenge auf etwa das 20-fache angehoben. Somit führt die geschickte Wahl der maschinenseitigen Verfahrensparameter am Guillotinenquerschneider zu ebenso guten Ergebnissen wie die Wahl des Messerwerkstoffs.

Die durchgeführten Versuche lassen zwar die Wirkung der drei Verfahrensparameter Anlagekraft, Schränkungs- und Eingriffswinkel auf die Standzeit der Messer deutlich erkennen; eine Begründung für die festgestellten Zusammenhänge fehlt aber. Insbesondere ist der zum Versagen führende Mechanismus weiterhin unbekannt. Dessen Klärung ist aber wünschenswert, weil sie Hinweise auf weitere Maßnahmen zum Erreichen längerer Messerstandzeiten geben kann. Ein Modell des Versagensmechanismus wird deshalb im nächsten Kapitel formuliert.

7. Ein Modell des Versagensvorgangs

7.1 Vorbemerkung

Nach Abschluß der Versuche war zwar der Einfluß der drei variierten maschinenseitigen Verfahrensparameter auf die Messerstandzeit bekannt. Die zur Bildung der Übergangsgebiete und zum Versagen der Messer führenden Zusammenhänge blieben jedoch ungeklärt. Um nicht viele langdauernde Schneidversuche durchführen zu müssen, wurde versucht, diese Zusammenhänge mit der Modellmethode abzuleiten. Dazu wurden drei Teilmodelle formuliert. Das erste Teilmodell erklärt den Zusammenhang zwischen den maschinenseitigen Verfahrensparametern und dem Entstehen und Wachsen des Freiflächenverschleißes (Kap.7.2), das zweite den zwischen dem Freiflächenverschleiß und der Ausbildung der Übergangsgebiete (Kap.7.3) und das dritte den zwischen der Ausbildung des inneren Übergangsgebietes und dem Versagen der Messer (Kap.7.4).

7.2 1. Teilmodell: Freiflächenverschleiß

Aufbauend auf der Vorstellung vom theoretischen Verschleiß und auf einer Verschleißberechnungsformel Kragelskis /64/ wurde in den Kapiteln 4.4 und 4.6 ein Modell für den Freiflächenverschleiß beim Guillotinenquerschneiden formuliert. Im folgenden wird dieses Modell an den tatsächlichen Verhältnissen gemessen.

Dazu werden die beiden Parameter k und κ der abgeleiteten Beziehung (4.6.8) an den in Kap.6.3 gefundenen Verlauf der Verschleißflächen angepaßt. Da der Verschleiß im Schneid- und im Innen- und Außenbereich unterschiedlich groß ist und dies auf den Reibungszustand zurückgeführt wurde, wird κ, das diesen Einfluß erfaßt, an beide Bereiche getrennt angepaßt. Der Parameter k hingegen muß in beiden Bereichen gleich groß sein, da er nur den Einfluß der beiden Messer berücksichtigt. Die Rockwell-Härte der Messer von 67 HRC wird für (4.6.8) nach /94/ auf eine Brinell-Härte von 670 kp/mm^2 HB = 6573 N/mm^2 HB umgerechnet. Die Anpassung wurde auf graphischem Wege vorgenommen und lieferte

im Innen- und Außenbereich: $k = 3{,}77 \cdot 10^{-4}$, $\kappa = 1{,}44$, (7.2.2)

im Schneidbereich: $k = 3{,}77 \cdot 10^{-4}$, $\kappa = 2{,}9$. (7.2.3)

Für den Parameter κ sind in /64/ Vergleichswerte angegeben. Bei trockener Reibung liege κ zwischen 1 und 2, bei Mischreibung zwischen 2 und 4. Die gefundenen Werte von κ sind demzufolge plausibel. Für k sind keine Vergleichswerte bekannt.

Zur Überprüfung der Übereinstimmung von Meß- und Rechenwerten wurden zum einen die rechnerischen Verschleißverläufe als strich-punktierte Geraden in Bild 6.3 eingesetzt und zum anderen in Bild 7.1 die Meßwerte über den Rechenwerten aufgetragen. Die Rechenwerte stimmen nach Bild 7.1 mit den gemessenen Werten der Verschleißfläche im Innen- und Außenbereich über zwei Zehnerpotenzen hinweg recht gut überein. Folglich gibt die Modellbeziehung (4.6.8) den Einfluß der maschinenseitigen Verfahrensparameter auf den Messerverschleiß bei trockener Reibung richtig wieder. Das Wachstum der Verschleißfläche im Innen- und Außenbereich hängt demnach - abgesehen vom Einfluß der Werkstoffpaarung - nur von der Anlagekraft, dem Schränkungs- und dem Eingriffswinkel ab.

Im Schneidbereich ist die Übereinstimmung zwischen Meß- und Rechenwerten jedoch schlecht (Bild 7.1). Dies liegt daran, daß dort die Verschleißfläche - wie schon gesagt (Kap.6.3.1) - kaum noch auflösbar und deshalb die Messung fehlerhaft war, und daß außerdem das Modell Kragelskis für abrasiven und nicht für Ermüdungsverschleiß formuliert worden war. Das abgeleitete Modell erklärt die Einflüsse auf den Verschleiß im Schneidbereich deshalb nur unvollständig, zeigt aber immerhin deutlich, wie durch die Mischreibung das Verschleißwachstum vermindert wird.

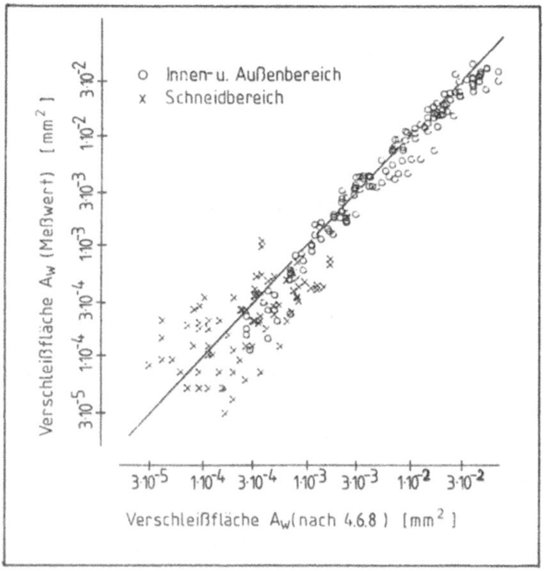

Bild 7.1: Korrelation zwischen der rechnerisch ermittelten (Glg. 4.6.8, 7.2.2, 7.2.3) und der gemessenen Verschleißfläche.

7.3 2. Teilmodell: Übergangsgebiete

Durch die Formulierung eines einfachen Modells für die Gestalt der verschleißenden Flächen in den Übergangsgebieten wird es möglich,

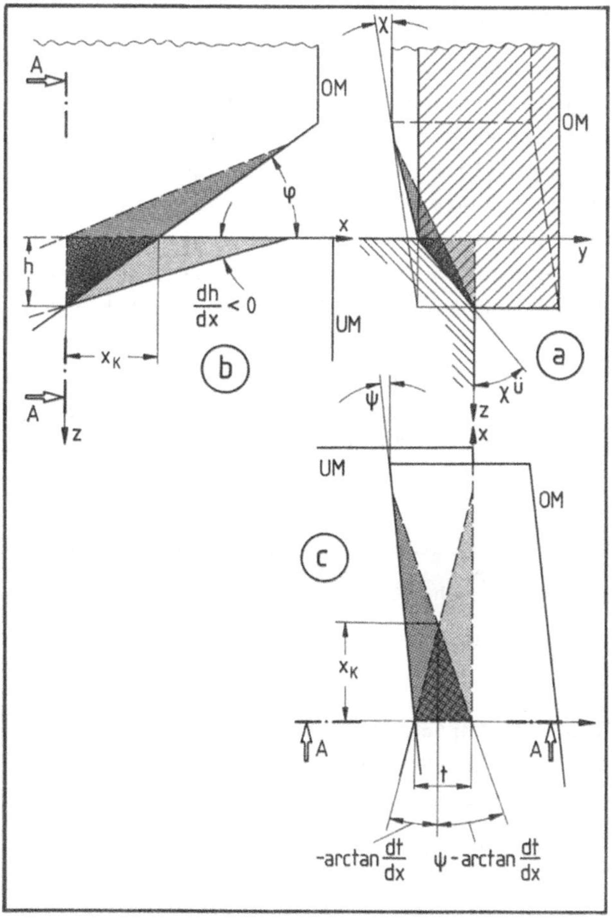

Bild 7.2: Mit Hilfe ebener Flächen vereinfachte Darstellung der verschleißenden Flächen eines Ober- und Untermessers im inneren Übergangsgebiet.

die Ursache für ihr Entstehen und die Wirkung einiger Verfahrensparameter darauf zu erkennen.

Bei der Ableitung der Gleichung (4.3.4), die den Zusammenhang zwischen Verschleiß-, Schränkungs- und Eingriffswinkel wiedergibt, wurde stillschweigend angenommen, daß die tatsächlichen Schneiden gerade seien. Da im Übergangsgebiet der Schränkungswinkel $\psi^{Ü}$ von seinem Einstellwert ψ abweicht, und dort deshalb die Schneiden nicht gerade sind, gilt das abgeleitete Teilmodell für den Freiflächenverschleiß (Kap.7.2) nicht in den Übergangsgebieten. Der Zusammenhang zwischen den Einstellwerten des Eingriffswinkels ϕ und des Schränkungswinkels ψ und dem Verschleißwinkel im Übergangsgebiet $\chi^{Ü}$ ergibt sich mit Hilfe von Bild 7.2. Dabei wird eine flächige Berührung zwischen den Messern vorausgesetzt, aber insofern eine Vereinfachung vorgenommen, als die verschleißenden Flächen im Übergangsgebiet als Ebenen dargestellt werden.

Zweckmäßigerweise werden für die Veränderung der Verschleißhöhe und -tiefe mit der Schneidenlänge die Bezeichnungen "Gradient der Verschleißhöhe dh/dx" und "Gradient der Verschleißtiefe dt/dx" eingeführt.

Aus Bild 7.2 sind die folgenden Zusammenhänge zu formulieren:

$$t = \tan \chi^{Ü} \cdot h, \qquad (7.3.1)$$

$$h = x_K \cdot \tan \phi , \qquad (7.3.2)$$

$$t = x_K \cdot \tan \left(- \arctan \frac{dt}{dx} - \arctan \frac{dt}{dx} + \psi \right). \qquad (7.3.3)$$

Da der Gradient der Verschleißtiefe dt/dx sehr klein gegenüber Eins (Bild 6.4) und auch der Schränkungswinkel im allgemeinen sehr klein ist, können die vorstehenden Gleichungen zusammengefaßt werden:

$$\tan \chi^{Ü} = \frac{\tan \psi - 2\, dt/dx}{\tan \phi}. \qquad (7.3.4)$$

Die Gleichung (7.3.1) läßt sich umformulieren:

$$dt/dx = \tan \chi^{Ü} \cdot dh/dx. \qquad (7.3.5)$$

Damit wird die Gleichung (7.3.4) zu

$$\tan \chi^{Ü} = \frac{\tan \psi}{\tan \phi + 2 \cdot dh/dx}. \qquad (7.3.6)$$

Die Gleichungen (7.3.4) und (7.3.6) enthalten die gleiche Aussage: Nehmen entlang der Schneidenkoordinate x die Verschleißhöhe h oder Verschleißtiefe t ab, wie das im inneren Übergangsgebiet der Fall ist, sind also die Gradienten der Verschleißhöhe und -tiefe negativ, so muß aus geometrischen Gründen der Wert des Verschleißwinkels $\chi^{IÜ}$ im inneren Übergangsgebiet größer als der aus (4.3.4) errechenbare Wert χ sein. Zwangsläufig ist deshalb im äußeren Übergangsgebiet, wo die Gradienten der Verschleißhöhe und -tiefe positiv sind, der Wert des Verschleißwinkels $\chi^{ÄÜ}$ kleiner als χ.

Qualitativ gesehen stimmen die errechnete Gestalt der Übergangsgebiete und die gemessenen Werte des Verschleißwinkels überein (Bilder 6.4, 6.5, 6.7), indem der Verschleißwinkel im inneren Übergangsgebiet größer, im äußeren kleiner als sein Rechenwert nach (4.3.4) ist. Die beiden Gleichungen (7.3.4) und (7.3.6) zeigen weiterhin, daß bei größeren Einstellwerten des Schränkungs- und kleineren des Eingriffswinkels der Wert des Verschleißwinkels im inneren Übergangsgebiet größer sein muß. Dies deckt sich insoweit mit den Versuchsergebnissen, als bei solchen Einstellwerten der Verschleißwinkel im inneren Übergangsgebiet schneller zunahm (Bild 6.8b,c). Allerdings geben die Gleichungen den beobachteten Einfluß der Anzahl der Schnitte n auf den Verschleißwinkel im inneren Übergangsgebiet nicht explizit wieder. Man kann annehmen, daß dieser Einfluß im Verschleißunterschied dh bzw. dt enthalten ist, der in allen Versuchen mit zunehmender Schnittzahl immer größer wurde (siehe Kap.6.3.1).

Quantitativ befriedigt die Übereinstimmung der Gleichungen (7.3.4) und (7.3.6) mit den festgestellten Werten nicht. Für eine exakte Übereinstimmung war also die Modellierung der Übergangsgebiete als Ebene (Bild 7.2) verglichen mit ihrem tatsächlichen Aussehen (Bild 6.5) eine zu weitgehende Vereinfachung.

Trotzdem zeigen (7.3.4) und (7.3.6) deutlich, daß erstens sich dort Übergangsgebiete ausbilden müssen, wo auf den Messern Bereiche unterschiedlich großen Verschleißes nebeneinander liegen, daß zweitens folglich Packstoffe, die den Verschleiß im Schneidbereich hemmen, die Ursache für das Entstehen von Übergangsgebieten sind, und daß drittens aus geometrischen Gründen der Verschleißwinkel im inneren Übergangsgebiet grundsätzlich größer, im äußeren Übergangsgebiet kleiner als in den übrigen Bereichen der Messer ist.

Die Veränderung der Messergeometrie im inneren Übergangsgebiet bleibt im Sinne kleinerer Verschleißwinkel um so geringer, je kleiner der Schränkungs- und je größer der Eingriffswinkel ist. In den Versuchen wurde deshalb eine längere Messerstandzeit erzielt. Nach (7.3.4) und (7.3.6) sollte dies aber genauso auch mit kleinen Beträgen der Gradienten der Verschleißhöhe dh/dx und -tiefe dt/dx gelingen. Die praktische Umsetzung dieses Zusammenhangs zeigt Kap.7.6.2.

7.4 3. Teilmodell: Abheben des Obermessers

Aus der Analyse der Bewegungen des Obermessers und der Formulierung der Trägheitskräfte kann man ein Modell für das Versagen der Guillotinenquerschneider entwickeln. Es kann das Phänomen erklären, daß die Messer zuerst dort nicht mehr schneiden, wo sich das innere Übergangsgebiet entwickelt hat.

Hierzu werden zunächst die Bewegungen des Obermessers analysiert. Sind beide Messer verschleißfrei, bewegt sich jeder Punkt der Obermesserschneide - beispielsweise der Punkt Q (Bild 4.1) - auf einer Geraden, die mit der z-Achse den Verschleißwinkel χ einschließt (Kurvenzug b in Bild 7.3). Nur wenn sich die Messer im Bereich der Messerzunge oder -spitze berühren, wird das Obermesser parallel zur z-Achse geführt. Sind die Messer verschlissen, wird das Obermesser längs des Kurvenzuges a (Bild 7.3) geführt, der außerhalb der Übergangsgebiete parallel zu b verläuft. Der Abstand zwischen a und b ist gleich der Nachstellbewegung des Obermessers, die im Schneidbereich geringer als im Innen- und Außenbereich ist. In den Übergangsgebieten verläuft der Kurvenzug a so, wie durch (7.3.4) bzw. (7.3.6) beschrieben ist.

In jedem der Kurvenpunkte C,E,F oder G (Bild 7.3) führt das Obermesser eine nicht-lineare Bewegung aus und es wirken Trägheitskräfte. Zu deren Untersuchung wird die Änderung des Dralls L eines starren Körpers, also des Obermessers, für einen bewegten Bezugs-

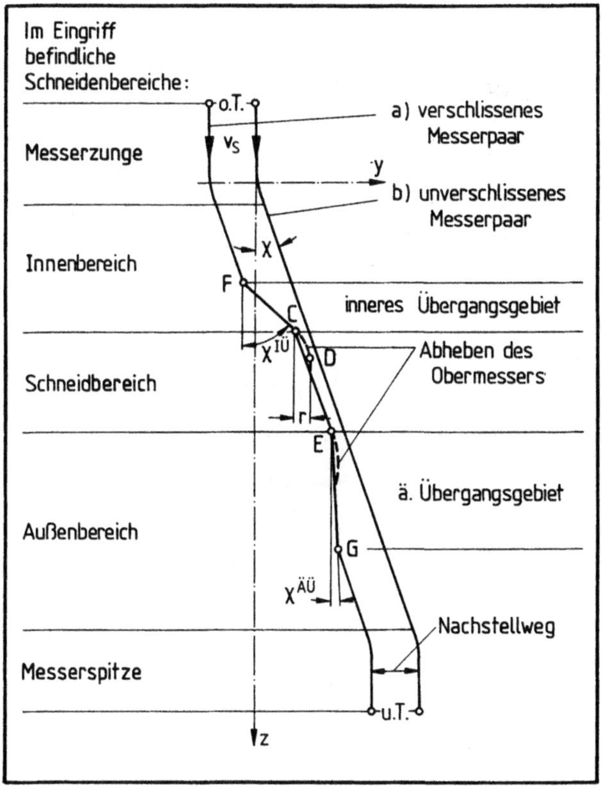

Bild 7.3: Zum Verlauf der Abwärtsbewegung des Obermesserpunktes Q.
a) Ober- und Untermesser mit Freiflächenverschleiß und Übergangsgebieten,
b) Ober- und Untermesser verschleißfrei.

punkt, die Achse B, mit Hilfe von Bild 7.4 und nach Magnus /95/ berechnet:

$$\frac{d\vec{L}_B}{dt} = \Sigma\vec{M}_B - m\,(\vec{r}_{BM} \times \ddot{\vec{r}}_B). \qquad (7.4.1)$$

Das Kreuzprodukt $\vec{r}_{BM} \times \ddot{\vec{r}}_B$ kann vernachlässigt werden, da in der untersuchten Schneideinrichtung seine beiden Vektoren parallel sind. Der linke Teil von (7.4.1) ist mit $v_s = dz/dt$

$$\frac{d\vec{L}_B}{dt} = J_B(\ddot{\varepsilon},\ 0,\ 0);\ \ddot{\varepsilon} = -\frac{d}{dt^2}\left(\frac{y(Q)}{c}\right) = -\frac{v_s^2}{c}\cdot\frac{d^2y(Q)}{dz^2}. \qquad (7.4.2)$$

wobei J_B das Massenträgheitsmoment des Obermessers und des seines Halters, berechnet auf die Achse B, ist. $\ddot{\varepsilon}$ ist die Drehbeschleunigung des Obermessers um B. Der rechte Teil von (7.4.1) hat nach Bild 7.4 nur eine von Null verschiedene Komponente:

$$\Sigma M_{Bz} = e\cdot F_{An} + f\cdot(-F_N\cdot\cos\chi - F_{Sy} + F_R\cdot\sin\chi) + $$
$$+ f\cdot\tan\varepsilon\cdot(F_R\cdot\cos\chi + F_{Sz} + F_N\cdot\sin\chi). \qquad (7.4.3)$$

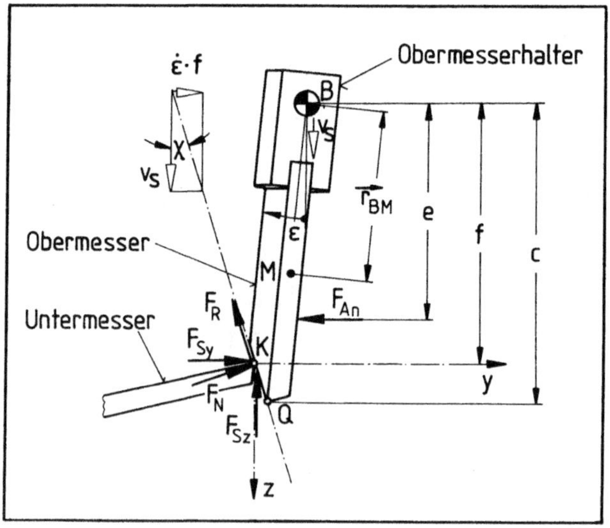

Bild 7.4: Zur Berechnung des Dralls des Obermessers, bezogen auf die Achse B.

Mit $F_R = \mu_{MM} \cdot F_N$ werden (7.4.1), (7.4.2) und (7.4.3) zu:

$$F_N = \frac{J_B \cdot \frac{v_s^2}{c} \cdot \frac{d^2y(Q)}{dz^2} + e \cdot F_{An} + f \cdot (F_{Sz} \cdot \tan \varepsilon - F_{Sy})}{f \cdot (\cos \chi - \mu_{MM} \cdot \sin \chi - \tan \varepsilon \cdot (\mu_{MM} \cdot \cos \chi + \sin \chi))} . \quad (7.4.4)$$

Da in der untersuchten Schneideinrichtung f = e und $\varepsilon < 0{,}5^{\circ}$ ist (Bild 5.3d), kann man (7.4.4) zu

$$F_N = \frac{1}{\cos\chi - \mu_{MM} \cdot \sin\chi} \cdot (J_B \cdot \frac{v_s^2}{c \cdot e} \cdot \frac{d^2y(Q)}{dz^2} + F_{An} - F_{Sy}) \quad (7.4.5)$$

verkürzen. Die Gleichung (7.4.5) unterscheidet sich nur durch den ersten Term innerhalb der Klammer von (4.5.10). Außerhalb der Übergangsgebiete ist er gleich Null, weil dort $d^2y(Q)/dz^2 = 0$ ist (Bild 7.3).

Dieser Term kann als die "Trägheitskraft" des Obermessers interpretiert werden, die bei der Drehung des Obermessers um die Achse B entsteht. Sie reduziert die Normalkraft dann, wenn das Obermesser die Kurvenpunkte C oder E seines Bewegungsdiagramms (Bild 7.3) durchläuft, da dort $d^2y(Q)/dz^2 < 0$ ist. Die Normalkraft kann sogar zu Null werden, wenn der Klammerausdruck in (7.4.5) gleich oder kleiner Null ist:

$$\frac{d^2y(Q)}{dz^2} \leqslant - \frac{c \cdot e \cdot (F_{An} - F_{Sy})}{v_s^2 \cdot J_B} . \quad (7.4.6)$$

Das Obermesser hebt dann vom Untermesser ab. Seine Bewegung wird in diesem Fall durch die zur Bewegungsgleichung umgeformte Beziehung (7.4.6) beschrieben. Nach deren zweifacher Integration erkennt man, daß sie einer Parabel folgt.

Das Obermesser kann während seiner Abwärtsbewegung an der Stelle C seines Bewegungsdiagramms, also nach dem Durchlaufen des inneren Übergangsgebietes, und an der Stelle E, also beim Eintreten in das äußere Übergangsgebiet, vom Untermesser abheben (gestrichelte Parabeln in Bild 7.3). Während das Abheben bei E ohne Bedeutung ist, da dort kein Packstoff geschnitten wird, kann bei C der Packstoff zwischen die Messer gezogen werden, wenn der entstehende

Schneidspalt (Bild 7.3) zu groß wird. Die Schneideinrichtung versagt dann, weil die Nutzen an der Stelle ihrer Schnittkanten aneinander hängenbleiben, der im Bewegungsdiagramm (Bild 7.3) die Parabel mit den Punkten C und D entspricht.

Diese Vorstellung entspricht dem tatsächlichen Versagensphänomen (Kap.6.2), wo die Nutzen immer an der Stelle ihrer Schnittkanten aneinander hängenblieben, die nahe der inneren Bahnkante war. Sie erklärt auch, warum die Schnittkanten in ihrem übrigen Teil nach wie vor einwandfrei waren; denn dort bewegt sich das Obermesser geradlinig und hebt deshalb nicht vom Untermesser ab.

Um Maßnahmen gegen das Abheben des Obermessers treffen zu können, wird die Bedingung, unter der dies möglich ist, abgeleitet:

Man kann annehmen, daß eine Packstoffbahn dann nicht mehr vollständig getrennt wird, wenn der Schneidspalt r größer als ein bestimmter Anteil ρ der Packstoffdicke s ist. ρ kann nur Werte zwischen 0 und 1 annehmen und heißt "relativer Schneidspalt": Der "relative Schneidspalt" ρ ist derjenige auf die Dicke der Packstoffbahn s bezogene Schneidspalt r, bei dem die Packstoffbahn gerade eben noch schneidbar ist, ohne daß sie zwischen die Messer gezogen wird.

Erfolgreiches Schneiden ist nur möglich, wenn

$$r < \rho \cdot s \qquad (7.4.7)$$

ist. Der Schneidspalt r ist bei kleinem Verschleißwinkel χ näherungsweise gleich dem Abstand in y-Richtung zwischen den Punkten C und D des Bewegungsdiagrammes (Bild 7.3):

$$r = y(D) - y(C). \qquad (7.4.8)$$

Mit den Randbedingungen $dy/dz(y=C) = \tan\chi^{IÜ}$ und $dy/dz(y=D) = 0$ ergibt sich aus (7.4.6) und (7.4.8) nach zweimaliger Integration die gesuchte Grenzbedingung:

$$\tan \chi^{IÜ} < \sqrt{\frac{2 \cdot \rho \cdot s \cdot c \cdot e \cdot (F_{An} - F_{Sy})}{v_s^2 \cdot J_B}} . \tag{7.4.9}$$

Um diese Bedingung an den tatsächlichen Verhältnissen zu messen, werden die mit (7.4.9) errechenbaren Grenzwerte des Verschleißwinkels im inneren Übergangsgebiet mit den in den Versuchen gefundenen maximalen Verschleißwinkeln (Kap.6.3.2) verglichen. Hierzu wird der relative Schneidspalt als empirischer Parameter behandelt und damit die Gleichung (7.4.9) an die Versuchsergebnisse angepaßt. Gute Übereinstimmung erhält man bei

$$\rho = 0{,}25. \tag{7.4.10}$$

Ein relativer Schneidspalt von einem Viertel der Packstoffdicke bedeutet, daß die PE-Folie zwischen den Messern offenbar bis auf ein Viertel ihrer Dicke eingeschnitten werden mußte, bevor sie ganz durchtrennt wurde. Dies ist durchaus plausibel, wenn man zum Vergleich den Trennvorgang beim Schneiden von Metallblechen heranzieht; denn auch in diese müssen die Werkzeugschneiden bis auf ca. 1/3 der Blechdicke eindringen, bevor sich die Teile voneinander trennen /21,24/.

Trägt man nun die errechneten Grenzwerte des Verschleißwinkels im inneren Übergangsgebiet über der Anlagekraft auf und vergleicht sie mit den gemessenen Werten des maximalen Verschleißwinkels (Bild 7.5), so kann man die Qualität der Übereinstimmung als Bestätigung der abgeleiteten Grenzbedingung werten. Weiterhin erklärt Bild 7.5 den bereits in Kap.6.3.2 vermuteten Zusammenhang zwischen der Anlagekraft, dem Verschleißwinkel im inneren Übergangsgebiet und dem Versagen der Messer: Eine hohe Anlagekraft erschwert das Abheben des Obermessers vom Untermesser, weil erst bei entsprechend größeren Verschleißwinkeln im inneren Übergangsgebiet die Trägheitskraft so groß wird, daß sie gegen die Anlagekraft das Obermesser abhebt. Größere Verschleißwinkel im inneren Übergangsgebiet werden aber erst nach einer größeren Anzahl von Schnitten erreicht (Bild 6.8a), also ist die Standzeit länger.

Die Messerstandzeit ist somit umso länger, je größer der Grenzwert des Verschleißwinkels im inneren Übergangsgebiet nach (7.4.9) und je größer deshalb der relative Schneidspalt, je dicker der Packstoff (vgl. Kap.6.5), je höher die Anlagekraft und je kleiner die Schneidgeschwindigkeit und das Massenträgheitsmoment des Obermessers und seines Halters sind. Gerade die Erhöhung der Schneidgeschwindigkeit müßte, da sie im Nenner von (7.4.9) quadratisch enthalten ist, die Messerstandzeit in hohem Maße verkürzen und umgekehrt. Wegen der Bedeutung der Schneidgeschwindigkeit bei der Entwicklung immer schnellerer Verpackungsmaschinen wurde dieser Einfluß experimentell überprüft (Kap.7.6.1).

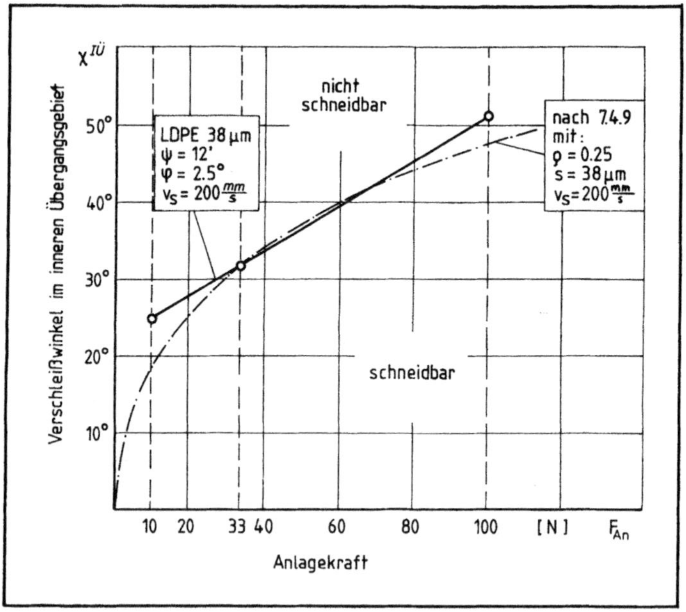

Bild 7.5: Das Versagen der Messer in Abhängigkeit vom Verschleißwinkel im inneren Übergangsgebiet und von der Anlagekraft.

Im übrigen kann man die Vorstellung vom Abheben des Obermessers vom Untermesser durch die entstehenden Trägheitskräfte dazu benutzen, die Unterschiede zwischen der gemessenen Abdrängkraft F_{Ab} und der Schneidkraftkomponente F_{Sy} zu erklären (siehe Kap.6.6); denn nach Kap.5.5 sollten die beiden Kräfte gleich groß sein. Tatsächlich aber unterscheiden sich die beiden Kräfte, während das Obermesser das innere Übergangsgebiet durchläuft, um die Trägheitskraft. Dies erkennt man, wenn man in (7.4.5) die Normalkraft F_N zu Null annimmt, was bei der Messung der Abdrängkraft nach den Überlegungen des Kap.5.5 der Fall war, (7.4.5) in (7.4.11) umformt und mit (5.5.3) vergleicht:

$$F_{Ab} = F_{Sy} + \frac{J_B \cdot v_s^2 \cdot \tan^2 \chi^{IÜ}}{2 \cdot \rho \cdot s \cdot c \cdot e} . \qquad (7.4.11)$$

Der Meßwert der Anlagekraft bei verschlissenen Messern ist also die Summe aus der Schneidkraftkomponente F_{Sy} und der Trägheitskraft. Ist die Schneidkraftkomponente F_{Sy} vernachlässigbar klein, so ist der Wert der Abdrängkraft ein Maß für die Ausprägung des inneren Übergangsgebietes.

Die Schneidkraftkomponente F_{Sy} ist wegen (7.4.11) nur dann gleich dem Wert der Abdrängkraft und kann wie diese gemessen werden (siehe Kap.5.5), wenn entweder die Messer verschleißfrei sind,oder der Einfluß der Trägheitskraft ausreichend reduziert werden kann, indem man zum Beispiel die Schneidgeschwindigkeit v_s entsprechend herabsetzt.

7.5 Der Versagensvorgang

Mit der Modellvorstellung läßt sich das Versagen der Messer beim Guillotinenquerschneiden von Kunststoffolien erklären:

Die Messer beim Guillotinenquerschneiden werden, um die sehr dünnen Kunststoffolien schneiden zu können, im Kreuzungspunkt ihrer Schneiden mit der Anlagekraft aufeinandergedrückt. Sie reiben aneinander und verschleißen, so daß der Freiwinkel im unmittelbaren

Bereich um die Schneide negativ wird. Er wurde daher "Verschleißwinkel" genannt. Trotzdem bleiben die Messer im Sinne eines kleinen Schneidenradius scharf. Der zunehmende Verschleiß wird durch eine entsprechende Nachstellbewegung des Obermessers ausgeglichen, so daß das Messerpaar schneidfähig und die Schnittkantenqualität bis zum letzten Schnitt gut bleibt. Trockene Reibung im Innen- und Außenbereich läßt dort abrasiven Verschleiß mit relativ großen Beträgen zu. Bestandteile des Packstoffs, die in die Berührungsfläche der Messer geraten, verursachen im Schneidbereich Mischreibung und verhindern den abrasiven Verschleiß. Stattdessen verschleißen dort die Messer infolge Ermüdung der oberflächennahen Schichten, wenn auch mit geringen Beträgen. An den Stellen der Schneiden, wo die Bahnkanten geschnitten werden, und die Bereiche großen und kleinen Verschleißes aneinanderstoßen, bilden sich zwei Verschleißübergangsgebiete aus. In einem der beiden, im inneren Übergangsgebiet, ist aus geometrischen Gründen der Verschleißwinkel gegenüber den übrigen Bereichen der Schneide stark erhöht; das andere hat wegen der sehr kleinen Werte des Verschleißwinkels keine Bedeutung. Während seiner Abwärtsbewegung wird das Obermesser nicht geradlinig durch das innere Übergangsgebiet geführt, so daß Trägheitskräfte der Anlagekraft entgegen wirken. Bei einem ausgeprägten inneren Übergangsgebiet hebt deshalb das Ober- vom Untermesser ab, und zwischen den Messern entsteht kurzzeitig ein Spalt, in den der Packstoff gezogen und dann nicht mehr getrennt wird. Die Nutzen bleiben an der Stelle ihrer Schnittfläche an der Packstoffbahn hängen, die dem inneren Übergangsgebiet der Messer entspricht.

Im Zuge der Formulierung des Modells wurden zahlreiche Annahmen getroffen und Vereinfachungen vorgenommen, so daß teilweise nur ein qualitativer Zusammenhang zwischen Modell und Wirklichkeit besteht. Deshalb ist das Modell nicht zu einer Vorausberechnung der Messerstandzeiten geeignet. Seine eigentliche Bedeutung liegt darin, daß es die beobachteten Phänomene beim Guillotinenquerschneiden dünner Kunststoffolien widerspruchsfrei erklärt und die wesentlichen Einflußgrößen auf die Messerstandzeit erkennbar macht.

7.6 Folgerungen

7.6.1 Einfluß der Schneidgeschwindigkeit

Nach (7.4.9) beeinflußt die Schneidgeschwindigkeit die Schneidbarkeit der Packstoffe und die Standzeit der Messer. Diese Abhängigkeit wurde in einem eigenen Versuch mit der 0,038 mm dicken LD-Polyethylenfolie untersucht. Dabei wurden die Messer in bekannter Weise verschlissen. Als maschinenseitige Parameter wurden die Ausgangswerte (Tab.5.1) gewählt, die Schneidgeschwindigkeit betrug 200 mm/s. Da nach (7.4.9) die Messer eher bei höheren als bei niedrigeren Schneidgeschwindigkeiten versagen, wurde in den regelmäßigen Unterbrechungen des Versuchs die Schneidgeschwindigkeit soweit erhöht, bis entweder der Packstoff gerade eben nicht mehr schneidbar war, oder die höchste Schneidgeschwindigkeit des Versuchsquerschneiders von 340 mm/s erreicht war. Außerdem wurde die Abdrängkraft bei verschiedenen Schneidgeschwindigkeiten gemessen.

Die Standzeit in diesem Versuch wurde nach 788.000 Schnitten erreicht und der Versuch beendet, weil bei einer Schneidgeschwindigkeit von 200 mm/s einzelne Nutzen an der Stelle ihrer Schnittkante aneinander hängenblieben, die messerseitig dem inneren Übergangsgebiet entsprach. Die Verschleißfläche im Schneid- und im Innen- und Außenbereich (Bild 7.6a) und der Verschleißwinkel im inneren Übergangsgebiet (Bild 7.6b) entwickelten sich wie in den vorherigen Versuchen (Bilder 6.3 und 6.8).

Warum die Standzeit schon nach 788.000 und nicht wie im vergleichbaren Versuch mit der Ausgangseinstellung (Kap.6.2) erst nach 977.000 Schnitten erreicht wurde, konnte nicht geklärt werden. Möglicherweise liegt es daran, daß in Lebensdauerversuchen die Standzeiten immer relativ stark schwanken /96,97/.

Ein oberer Grenzwert der Schneidgeschwindigkeit wurde erstmals nach 150.000 Schnitten festgestellt. Mit weiter zunehmender Schnittzahl wurde er immer geringer und erreichte mit der Standzeit seinen Einstellwert von 200 mm/s (Bild 7.6c). Bei höheren Schneidgeschwindig-

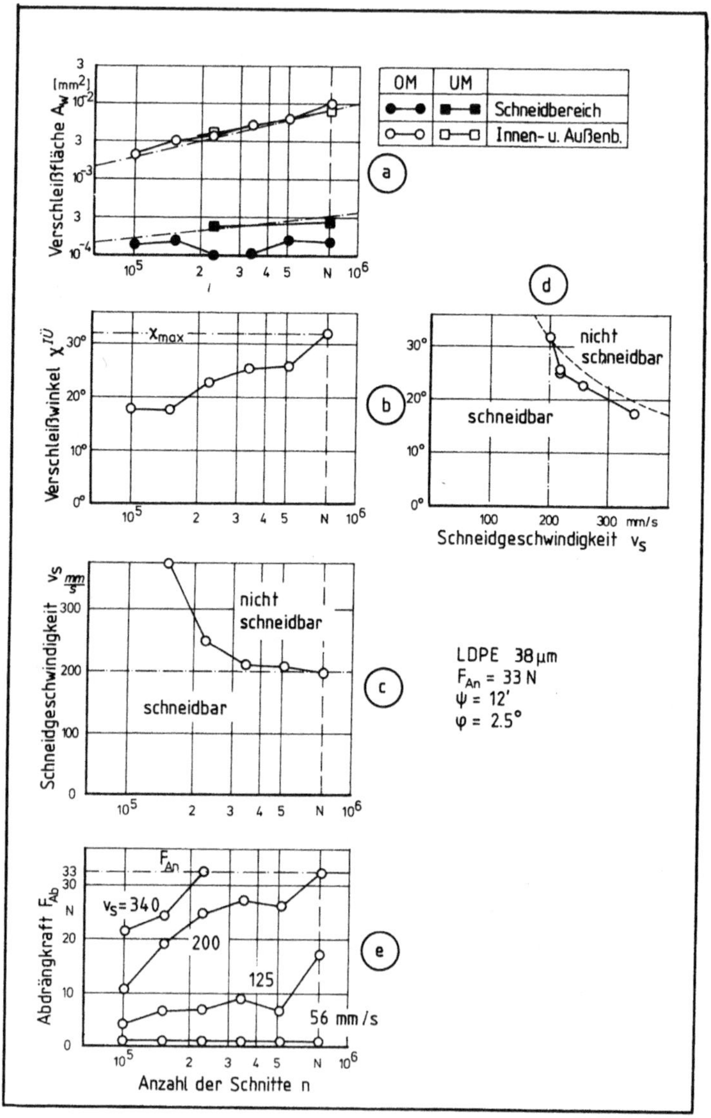

Bild 7.6: Entwicklung der Verschleißfläche (a) und des Verschleißwinkels (b) im Versuch mit Variation der Schneidgeschwindigkeit. Einfluß der Schneidgeschwindigkeit auf die Schneidbarkeit (c und d) und die Abdrängkraft (e). (gestrichelte Linie in (d): rechnerischer Zusammenhang nach Glg.7.4.9).

keiten versagten die Messer also schon bei einem geringer ausgeprägten inneren Übergangsgebiet als bei niedrigeren. Unter der Voraussetzung, daß die Entwicklung des Verschleißes nicht von der Schneidgeschwindigkeit beeinflußt wird, folgt daraus, daß sich bei höheren Schneidgeschwindigkeiten die Standzeiten verkürzen und umgekehrt. Diese Voraussetzung ist für viele Verschleißmechanismen innerhalb eines gewissen Beanspruchungsbereiches gültig (/64/, Föhl in /65/).

Der Versuch zeigt, daß das Versagen des Guillotinenquerschneiders nicht nur vom Packstoff (relativer Schneidspalt und Dicke), von der Größe des Verschleißwinkels im inneren Übergangsgebiet und von der Anlagekraft (Kap.6.5, 7.4), sondern auch von der Schneidgeschwindigkeit abhängt. Dies bestätigt den in Kap.7.4 abgeleiteten Versagensmechanismus und wird besonders deutlich, wenn man den Grenzwert der Schneidgeschwindigkeit und den jeweils zugehörigen Meßwert des Verschleißwinkels im inneren Übergangsgebiet betrachtet (Bild 7.6d); denn der dargestellte Zusammenhang wird in guter Näherung durch die Gleichung (7.4.9) beschrieben (gestrichelte Linie in Bild 7.6d), wenn man den in Kap.7.4 bestimmten Wert des relativen Schneidspaltes von $\rho = 0{,}25$ einsetzt.

Die Abdrängkraft stieg in den Versuchen nicht nur mit der Anzahl der Schnitte, sondern auch mit der Schneidgeschwindigkeit (Bild 7.6e). Je mehr sich die Abdräng- der Anlagekraft näherte, desto eher war nach Kap.6.6 das Versagen der Messer zu erwarten. Bei einer Schneidgeschwindigkeit von 340 mm/s versagten die Messer dementsprechend schon nach weniger als 225.000 Schnitten. Die Messung der Abdrängkraft bestätigt daher nochmals den genannten Einfluß der Schneidgeschwindigkeit.

Im beschriebenen Versuch wurde außerdem der zeitliche Verlauf des elektrischen Kontaktes zwischen den Messern aufgezeichnet ; denn die Dauer des Abhebens des Obermessers vom Untermesser mußte als gleich lange Unterbrechung des elektrischen Kontaktes registrierbar sein (Kap.5.6). Nach 337.500 Schnitten wurde erstmals eine solche

Unterbrechung von 0,4 ms Dauer bei einer Schneidgeschwindigkeit von 200 mm/s genau in dem Moment festgestellt, als während der Abwärtsbewegung das Obermesser durch das innere Übergangsgebiet lief (Bild 7.7). Die Nutzen wurden dabei aber noch vollständig abgeschnitten; offenbar war der entstandene Spalt noch nicht so groß, daß der Packstoff zwischen die Messer gezogen wurde. Bei Erreichen der Standzeit mit der Schneidgeschwindigkeit von 200 mm/s wurde der Kontakt für 0,8 ms unterbrochen (Bild 7.8). Bei der höheren Schneidgeschwindigkeit von 340 mm/s dauerte das Abheben mit zunehmender Schnittzahl immer länger; bei einer Dauer von 0,8 ms nach 225.000 Schnitten wurde auch dann der Packstoff erstmals nicht mehr geschnitten. Die Messer versagten offenbar immer dann, wenn der Kontakt für wenigstens 0,8 ms unterbrochen wurde. Diesen Zusammenhang könnte man in der industriellen Praxis nutzen, um das Auswechseln oder Nachschleifen der Messer zu veranlassen.

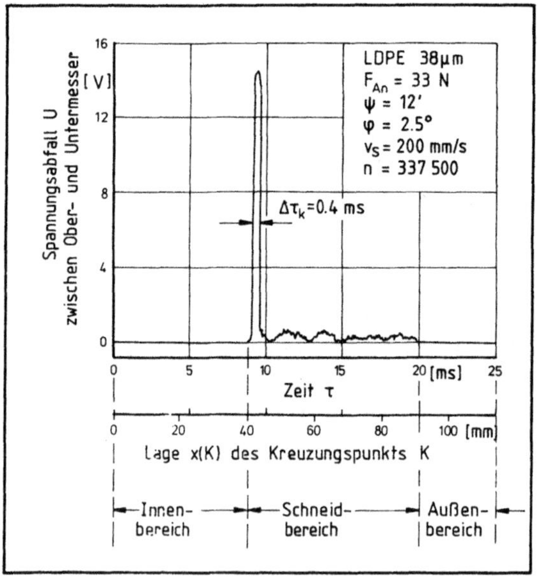

Bild 7.7: Unterbrechung des elektrischen Kontaktes zwischen Ober- und Untermesser, während sich die Schneiden im inneren Übergangsgebiet kreuzen.

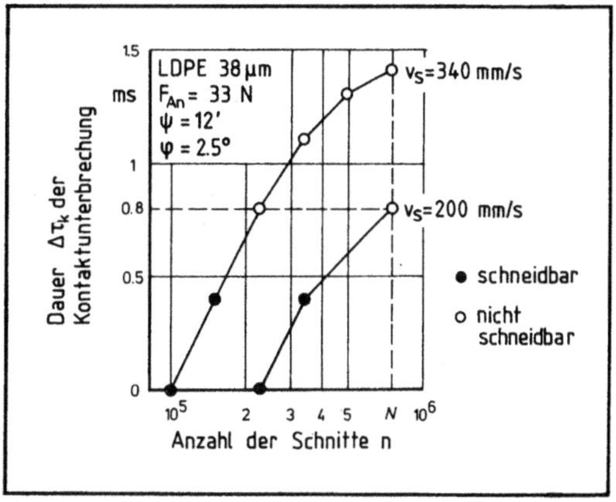

Bild 7.8: Dauer des Abhebens des Obermessers vom Untermesser in Abhängigkeit von der Schneidgeschwindigkeit und der Anzahl der Schnitte.

7.6.2 Einfluß seitlicher Bahn- und Messerbewegungen

Mit den Mitteln der analytischen Geometrie wurde in Kap.7.3 ein Modell für die Gestalt der verschleißenden Flächen in den Übergangsgebieten formuliert. Demnach sollten kleinere Beträge der Gradienten der Verschleißhöhe dh/dx und der Verschleißtiefe dt/dx einen kleineren Verschleißwinkel im inneren Übergangsgebiet bewirken.

Um diesen Zusammenhang zur Verlängerung der Messerstandzeiten zu nutzen, müßten die Verschleißunterschiede dh, bzw. dt zwischen Schneid- und Innenbereich über ein längeres Stück der Schneiden dx verteilt werden. Deshalb wurde das Guillotinenschneidverfahren folgendermaßen modifiziert: Die Packstoffbahn wurde in x-Richtung in einem regelmäßigen Rythmus um 20 mm seitlich hin- und hergeschoben (Bild 7.9), so daß die Schneiden in den Übergangsgebieten einmal mit und einmal ohne Packstoff gegeneinander arbeiteten. Die seitliche Bewegung erfolgte sehr langsam gegenüber der Schneidbewegung. Sie wurde der Bahn aufgezwungen, indem die seitlichen Anschläge, die sonst das Spiel der Packstoffbahn auf 1,5 mm begrenzten, über eine Gewindestange mit einem Motor verbunden wurden.

Der Versuch war erfolgreich, indem er nach 5 Millionen Schnitten abgebrochen wurde, ohne die mögliche Messerstandzeit erreicht zu haben. Dies ist im Vergleich zu allen anderen Versuchen und insbesondere zu dem mit der Ausgangseinstellung der Verfahrensparameter (977.000 Schnitte) eine wesentliche Verlängerung der Standzeit und bestätigt das seitliche Verschieben der Packstoffbahn als Methode zum Verlängern der Messerstandzeiten.

Um die Vorstellung zu überprüfen, daß durch das seitliche Verschieben der Packstoffbahn ein flacherer Übergang der Verschleißmeßgrößen und ein kleinerer Verschleißwinkel im inneren Übergangsgebiet erreicht würde, wurden nach ca. 1 Million Schnitten die Verschleißfläche und der Verschleißwinkel über der Schneidenlänge aufgetragen und mit den entsprechenden Meßwerten des Versuches mit

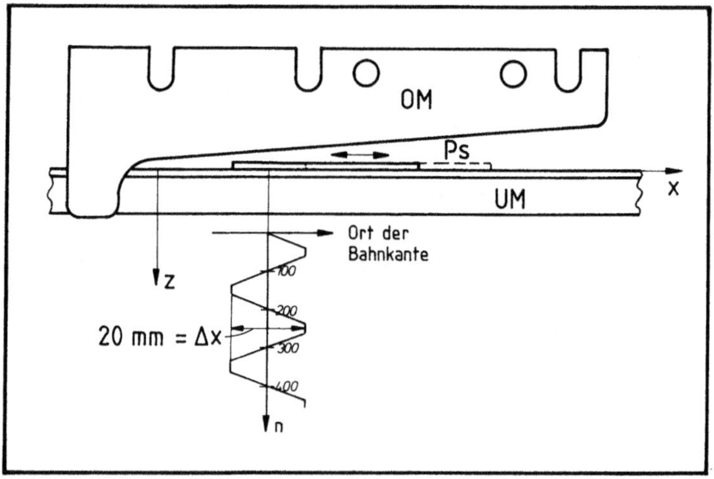

Bild 7.9: Erzwungene seitliche Bewegung der Packstoffbahn relativ zu den Messern.

der Ausgangseinstellung verglichen (Bild 7.10). Die Meßergebnisse bestätigen diese Vorstellung; denn im Versuch mit der seitlichen Bahnbewegung waren die Übergangsgebiete etwa dreimal so breit wie im Vergleichsversuch, und der Verschleißwinkel im inneren Übergangsgebiet erreichte mit 11,5° einen fast dreimal kleineren Wert (Bild 7.10).

Seitliche Bahnbewegungen von 20 mm verursachen in der betrieblichen Praxis zwar Maschinenstörungen oder Fehlpackungen; der beschriebene Effekt läßt sich aber trotzdem nutzen, wenn man statt der Bahn das Messerpaar selbst relativ zur Packstoffbahn hin- und herbewegt, was maschinentechnisch einfach realisierbar ist.

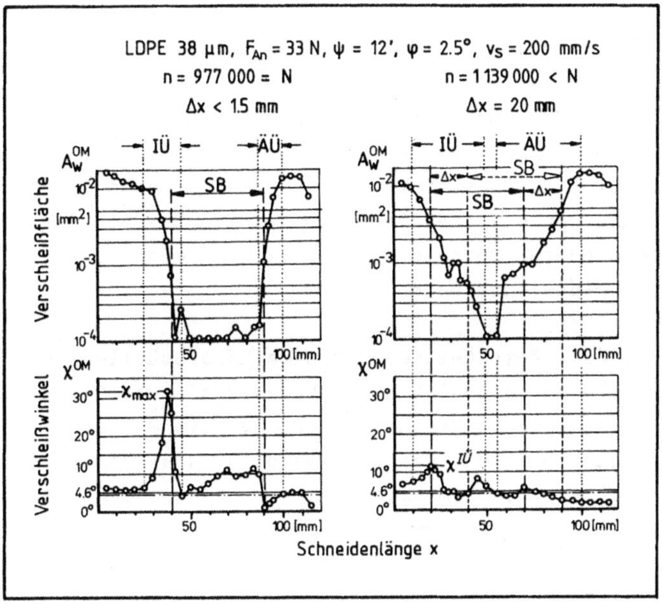

<u>Bild 7.10:</u> Verschleißfläche und Verschleißwinkel über der Schneidenlänge nach jeweils ca. 1 Million Schnitten im Versuch mit (Δx = 20 mm) und ohne (Δx < 1,5 mm) erzwungene seitliche Bahnbewegung.

8. Folgerungen für die industrielle Praxis

8.1. Übertragbarkeit der Ergebnisse

Die Versuchsergebnisse sind zunächst nur für Schneideinrichtungen mit den in Kap.4.2 beschriebenen Merkmalen und das Schneiden von 0,038 mm dicken LD-Polyethylenfolien gültig; in Schneideinrichtungen mit anderen Messeranordnungen oder anderen Freiheitsgraden der Bewegung ist mit anderen tribologischen Beanspruchungen der Messer und daher auch mit anderen Versagensvorgängen zu rechnen. Die in dieser Arbeit abgeleiteten Erkenntnisse können daher nicht ungeprüft für andere Schneideinrichtungen übernommen werden.

Der beschriebene Verschleißvorgang und das Entstehen von Übergangsgebieten wurden in allen Versuchen mit der 0,038 mm dicken LD-Polyethylenfolie (Kap.6.) und auch in den Vorversuchen mit einer 0,020 mm dicken biaxial gereckten Polypropylen-, einer 0,050 mm dicken, mit Titandioxid gefüllten Polyethylen- und einer 36 g/m^2 schweren Zellglasfolie /69,70/ gleichermaßen beobachtet. Suchenko /34/ berichtet darüberhinaus, daß auch gewachste Papiere verschleißhemmend wirken. Es ist daher wahrscheinlich, daß auch alle übrigen thermoplastischen Kunststoffolien, deren Verbunde mit Papier und Zellglas und gewachste Papiere die Reibung und den Verschleiß der Messer vermindern. Deshalb werden beim Schneiden dieser Packstoffe Übergangsgebiete entstehen.

Da Anstice /30/ feststellte, daß sich handelsübliche Papiere in Rollenschneidern neutral bis leicht verschleißfördernd verhalten, wird der beschriebene Verschleißvorgang beim Schneiden dieser Papiere nicht ablaufen. Das gilt auch für das Schneiden von blanken Aluminiumfolien, bei dem sich angeblich Aufbauschneiden an den Messern bilden. Möglicherweise verhindern Bestandteile des Kunststoffs oder Kaschierklebers in Verbundfolien mit Aluminium die Aufbauschneidenbildung.

Hinsichtlich des Versagensvorgangs gilt, daß zusammenhängende Nutzen nur beim Schneiden von Kunststoffolien beobachtet wurden, beim Schneiden der Zellglasfolie die Messer jedoch nicht versagten (Kap.6.5). Wenn die Übergangsgebiete genügend ausgeprägt sind, sollten die Messer aber auch beim Schneiden von Zellglasfolien, von Verbunden aus Kunststoffolien mit Papier und Zellglas und von gewachsten Papieren versagen. Weil folglich sowohl der gleiche Verschleiß- als auch der gleiche Versagensvorgang beim Guillotinenquerschneiden anderer Materialien zu erwarten ist, müssen die Versuchsergebnisse hinsichtlich des Einflusses der verschiedenen Verfahrensparameter auf die Messerstandzeit auch auf das Guillotinenquerschneiden anderer thermoplastischer Kunststoffolien, Zellglasfolien, gewachster Papiere und der Verbunde daraus übertragbar sein.

Im übrigen können die Ergebnisse dieser Arbeit, da die Versuche mit einer nur geringfügig modifizierten Produktionsmaschine, mit Originalmessern und mit handelsüblichen Packstoffen durchgeführt wurden, unmittelbar in die Praxis umgesetzt werden.

8.2 Möglichkeiten zum Erreichen längerer Messerstandzeiten beim Guillotinenquerschneiden dünner Kunststoffolien

Aus den Versuchsergebnissen und der Modellvorstellung sind verschiedene Maßnahmen zur Verlängerung der Messerstandzeiten abzuleiten:

- Verhinderung des abrasiven Verschleißes im Innen- und Außenbereich durch Schmierung der Messer: Die Innen- und Außenbereiche der Messer würden dann vermutlich ebenso wie der Schneidbereich infolge Ermüdung verschleißen, der Verschleiß entlang der Schneide wäre gleichmäßig gering, so daß die Verschleißunterschiede als Voraussetzung zur Ausbildung von Übergangsgebieten entfallen. Dieses Verfahren dürfte allerdings beim Verpacken von Lebensmitteln Schwierigkeiten verursachen, weil die Gefahr besteht, daß Bestandteile des Schmierungsmittels in die hergestellte Verpackung und auf die Lebensmittel gelangen.

- Verminderung des Wachstums des Verschleißwinkels im inneren Übergangsgebiet durch
  - größere Eingriffswinkel (Kap.6.3.2, 7.3, 8.3) und/oder
  - kleinere Schränkungswinkel (Kap.6.3.2, 7.3, 8.3) oder
  - durch seitliche Bewegungen der Bahn relativ zu den Messern (Kap.7.3, 7.6.2).

- Erschweren des Abhebens des Obermessers vom Untermesser im inneren Übergangsgebiet durch
  - größere Anlagekräfte (Kap.6.3.2, 7.4, 8.3),
  - niedrigere Schneidgeschwindigkeiten (Kap.7.4, 7.6.1)
  - oder auch ein reduziertes Massenträgheitsmoment des Obermessers und seines Halters (Kap.7.4).

8.3 Bestimmung der optimalen Einstellparameter

Möglichst große Werte der Anlagekraft, kleine des Schränkungs- und große des Eingriffswinkels waren nach der Durchführung der Versuche als uneingeschränkt günstig zum Erreichen langer Messerstandzeiten anzusehen. Allerdings sind der Vergrößerung der Anlagekraft und des Eingriffswinkels und der Verkleinerung des Schränkungswinkels Grenzen gesetzt. Diese Grenzwerte bilden deshalb im praktischen Betrieb die optimalen Einstellwerte der Verfahrensparameter.

Aus der Grenzbedingung für das Versagen der Messer (7.4.9) kann man einen Grenzeinstellwert der Anlagekraft berechnen; denn der Verschleißwinkel im inneren Übergangsgebiet in dieser Gleichung darf den Wert nicht überschreiten, von wo an Selbsthemmung der Messer zu befürchten ist (Bedingung 4.5.11). Der Grenzwert der Anlagekraft berechnet sich unter Berücksichtigung einer Sicherheit Si deshalb aus den Gleichungen (4.5.11) und (7.4.9):

$$\tan \chi^{IÜ} = Si \cdot \sqrt{\frac{2 \cdot \rho \cdot s \cdot c \cdot e \cdot (F_{An} - F_{Sy})}{v_s^2 \cdot J_B}} < \tan \chi^{grenz} = \frac{1}{\mu_{MM}} . \qquad (8.3.1)$$

Daraus folgt:

$$F_{An} < \frac{1}{\mu_{MM}^2 \cdot Si^2} \cdot \frac{v_s^2 \cdot J_B}{2 \cdot \rho \cdot s \cdot c \cdot e} - F_{Sy} . \qquad (8.3.2)$$

Mit einem Gleitreibungskoeffizienten von 0,58 errechnet sich der Grenzwert des Verschleißwinkels zu 59° und damit die obere Grenze der Anlagekraft zu 179 N, wenn man die Sicherheit Si mit 1,2, den relativen Schneidspalt mit 0,25, die Packstoffdicke der Versuchsfolie mit 0,038 mm, die Schneidkraftkomponente F_{Sy} mit 1 N und die übrigen Daten nach Tab.5.1 berücksichtigt.

Auf demselben Wege könnte man einen Grenzwert der Schneidgeschwindigkeit ableiten. Diese ist jedoch schon in (8.3.2) enthalten. Demnach hängen die Grenzwerte der Schneidgeschwindigkeit und der Anlagekraft voneinander ab. Bei höheren Schneidgeschwindigkeiten dürfen nach (8.3.2) größere Anlagekräfte eingestellt werden, wodurch deren die Standzeit verkürzender Einfluß kompensiert wird.

Einer beliebigen Erhöhung des Eingriffswinkels steht der Vorgang des seitlichen Gleitens der Packstoffbahn vor dem Obermesser im Wege (Kap.4.5). Unter Berücksichtigung einer Sicherheit Si kann man die Beziehung (4.5.5) folgendermaßen umformen:

$$\tan \phi < \frac{1}{Si} \cdot \frac{2 \cdot \mu_{KM}}{1 - \mu_{KM}^2} \; . \qquad (8.3.3)$$

Da der Gleitreibungskoeffizient μ_{KM} gängiger Packstoffe gegen Stahl 0,09 und größer ist (Tab.5.2), kann der Eingriffswinkel in Guillotinenquerschneiden bis zu 8,6° groß sein.

Bei sehr kleinen Schränkungswinkeln besteht die Gefahr, daß sich die Messer - bedingt durch die Abweichungen der Schneiden von der Geraden - an anderen Stellen als im Kreuzungspunkt ihrer Schneiden berühren, sich daher im Kreuzungspunkt ein Schneidspalt öffnet, und der Packstoff dort zwischen die Messer gezogen wird (Kap.4.2). In Versuchen mit einem unverschlissenen Messerpaar wurde der Grenzwert des Schränkungswinkels gefunden, indem er von Null ausgehend solange vergrößert wurde, bis die Nutzen vollständig abgeschnitten wurden. Dies gelang mit einem Schränkungswinkel ab etwa 3'. Da nach den Überlegungen in Kap.4.2 die Geradheit der Schneiden den Grenzwert des Schränkungswinkels bestimmt, sollten mit entsprechend genau gefertigten und montierten Messern noch kleinere Schränkungswinkel möglich sein.

Man kann annehmen, daß bei Einstellung der abgeleiteten Grenzwerte anstelle der Versuchsparameter nach Kap.6.2 längere Messerstandzeiten als in den Versuchen erreicht worden wären.

9. Zusammenfassung

Querschneidestationen nach dem Guillotinenprinzip für dünne Kunststoffolien versagen oft nach überraschend kurzer Standzeit. In praxisnahen Versuchen wurden die zum Verschleiß und Versagen der Messer führenden Vorgänge und der Einfluß der wichtigsten maschinenseitigen Verfahrensparameter darauf untersucht. Maßnahmen zum Erreichen längerer Standzeiten wurden abgeleitet und ein Modell des Verschleiß- und Versagensvorgangs formuliert.

In Abhängigkeit von den maschinenseitigen Verfahrensparametern wurden in den Versuchen Standmengen zwischen 66.000 und mehr als 5 Millionen Nutzen erreicht. Längere Messerstandzeiten in Guillotinenquerschneidern sind demnach mit

- kleinen Schränkungswinkeln,
- großen Eingriffswinkeln,
- hohen Anlagekräften,
- niedrigen Schneidgeschwindigkeiten und
- bei großen seitlichen Bahnbewegungen

erreichbar. Die Mechanismen, die die Einstellung dieser Parameter begrenzen, wurden beschrieben.

Der Verschleiß- und Versagensvorgang unterscheidet das Guillotinenquerschneiden von allen anderen Zerteilverfahren. Die Messer verschleißen durch ihre freiflächenseitige Reibung aneinander. Der Verschleiß im eigentlichen Schneidbereich der Messer wird durch den Packstoff erheblich vermindert. Dort, wo Gebiete großen und kleinen Verschleißes aneinanderstoßen, wo also die Bahnkanten geschnitten werden, bilden sich zwei "Verschleißübergangsgebiete" aus. In einem der beiden wird die Schneide zunehmend stumpfwinklig. Trägheitskräfte bewirken dort schließlich ein kurzzeitiges Abheben des Obermessers vom Untermesser, so daß die Packstoffbahn in den entstehenden Spalt gezogen und nicht mehr vollständig abgeschnitten wird. Die Nutzen bleiben dann an der Stelle ihrer Schnittkante an der Packstoffbahn hängen, die diesem Übergangsgebiet entspricht, während im übrigen Teil ihre Schnittkantenqualität gleichbleibend gut ist. Deshalb ist das Aneinanderhängen der Nutzen das einzige Standzeitkriterium und die Ausbildung der Übergangsgebiete der die Standzeiten entscheidend begrenzende Vorgang. Die Ergebnisse gelten nur für das Schneiden dünner Kunststoffolien auf Guillotinenquerschneidern und sind direkt in die industrielle Praxis übertragbar.

Anhang

1. Literaturverzeichnis

/1/ DIN 8580: Fertigungsverfahren; Einteilung. Juni 1974.

/2/ DIN 8588: Fertigungsverfahren Zerteilen, Einordnung, Unterteilung, Begriffe. Dezember 1983.

/3/ DIN 50281: Reibung in Lagerungen; Begriffe, Zustände, physikalische Größen. Oktober 1977.

/4/ DIN 50320: Verschleiß; Begriffe, Systemanalyse von Verschleißvorgängen, Gliederung des Verschleißgebietes. Dezember 1979.

/5/ DIN 50321: Verschleißmeßgrößen. Dezember 1979.

/6/ Hombach, Th. und H. Sturm: Probleme und Erkenntnisse beim Schneiden bahnförmiger Materialien. Das Papier 29 (1975) Nr.9, S. 385 - 392.

/7/ Hohmann, H.J.: Maschinelles Verpacken - ein junges Forschungsgebiet. Vortrag. Jahrestagung des Fraunhofer-Instituts für Lebensmitteltechnologie und Verpackung, München, 1984.

/8/ Umfrage der Arbeitsgruppe "Packstoff und Maschine" der Industrievereinigung für Lebensmitteltechnologie und Verpackung e.V., München, vom 20.3.79.

/9/ Diskussionen während der jährlichen Sitzungen der Arbeitsgruppe "Packstoff und Maschine" der Industrievereinigung für Lebensmitteltechnologie und Verpackung e.V., München.

/10/ Mot, E.: Unveröffentlichter Report der TNO. Delft, 1978.

/11/ Borger, W.: Querschneider für Kunststoffolien. Kunststoffe 61 (1971) Heft 6, S. 432-433.

/12/ Döring, M.: Technischer Vergleich des Scheren-Schnitt-Systems mit dem Laserstrahlschneiden und dem Wasserstrahlschneiden beim Schneiden von Papier und Kunststoffolien. Diplomarbeit Rheinische Fachhochschule Köln 1983/4.

/13/ Poprawe, R.: Möglichkeiten und Grenzen der Laser-Schweißtechnik beim maschinellen Verpacken. Vortrag vor der Arbeitsgruppe "Packstoff und Maschine" der Industrievereinigung für Lebensmitteltechnologie und Verpackung, München, am 20.2.86.

/14/ Seyderhelm, W.: Schneiden und Stanzen von Kunststoffen und Gummi. München, Wien 1978.

/15/ Potente, H.: Fügen und Umformen von Kunststoffen. Vorlesungsumdruck R.W.T.H. Aachen, 1980/1.

/16/ Feiler, Manfred: Ein Beitrag zur Klärung der Vorgänge beim Schneiden dünner flächiger Materialien. Dissertation Universität Stuttgart 1970.

/17/ Uetz, H. und K. Sommer, M.A. Khosrawi: Übertragbarkeit von Versuchs- und Prüfergebnissen bei abrasiver Verschleißbeanspruchung auf Bauteile. VDI-Berichte Nr. 354 (1979), S. 106-124.

/18/ Habig, K.-H.: Möglichkeiten der Modellverschleißprüfung. Materialprüf. 17 (1975) Nr.10, S. 358-365.

/19/ Müller, K. und W.J. Bartz: Adhäsiver Verschleiß als Schadensursache. VDI-Berichte Nr.243 (1975), S. 143-156.

/20/ Krause, H. und J. Scholten: Verschleiß - Grundlagen und systematische Behandlung. VDI-Z 121 (1979) Nr. 15/16, S. 799-806, Nr.23/24, S. 1221-1229.

/21/ Timmerbeil, F.W.: Der Einfluß der Schneidkantenabnutzung auf den Schneidvorgang am Blech. Werkstattstechnik und Maschinenbau 46 (1956) Nr.2, S.58-65.

/22/ Crasemann, H.-J.:Die Kräfte beim Schneiden von Blechtafeln und Blechbändern. Microtecnic 16 (1962) Nr.3, S. 109-123.

/23/ Stromberger C. und Th. Thomson: Glatte Lochwände beim Lochen. Werkstatt und Betrieb 98 (1965) Heft 10, S.739-747.

/24/ Eckstein, F.: Gleichartigkeit mechanischer Trennvorgänge. Carl Hanser Verlag, München, 1969.

/25/ Redeker, D.: Analyse der Beanspruchungsmechanismen und deren Auswirkung auf die Schnittkraft beim Zerkleinern weicher hochpolymerer Stoffe. Dissertation TU Braunschweig, 1975.

/26/ Frerichmann, B.-J.: Ermittelung fertigungsgerechter Arbeitsbedingungen und Untersuchung des Zerspanungsverhaltens beim Drehen thermoplastischer Kunststoffe. Dissertation, R.W.T.H.Aachen 1966.

/27/ Schulze, P.: Der Trennschnitt von Aluminiumbändern von 0,1 bis 0,5 mm Dicke mit Kreismesserscheren. Papierverarbeiter (1968) Nr.12, S. 48-52.

/28/ Kienzle, O. und W. Kienzle: Werkzeugverschleiß beim Schneiden von Stahlfeinblechen. Stahl & Eisen 78 (1958) Nr.12, S.820-829.

/29/ Chen, J H.-C.: Fertigungsgerechte Arbeitsbedingungen beim Ausschneiden und Lochen von Kunststoffplatten mit Gesamtschnitt. Dissertation R.W.T.H. Aachen 1960.

/30/ Anstice, P.D., B. McEnaney, P.C. Thornton: Wear of paper slitting blades. TRIBOLOGY international 13 (1980) Nr. 6, S. 259-266, 14 (1981) Nr.5, S. 251-255, 257-262.

/31/ Klingelhöffer, H.: Staub bei der Papierverarbeitung. Allg. Papier Rdsch. (1965) Nr.13, S. 890.

/32/ Klingelhöffer, H.: Anforderungen an Schärfe und Standfestigkeit von Messern für die Papierverarbeitung. Papiertechnische Stiftung, München, 1964.

/33/ Stüdemann, H. und H.-V. Lange, R. Grube.: Entwicklung einer Vorrichtung zur Prüfung der Schneideigenschaften von Scheren. Forschungsbericht des Landes NRW Nr.2272 - 1972.

/34/ Suchenko, Ju.G.: Titel russisch (Über die Art der Abnutzung der Messer der Papierschneidevorrichtungen in Einwickelautomaten). Problemy Trenija Iznasivanija (1981) Nr.20, S.79-82.

/35/ Strecker, H.: Synchronquerschneider Type SCR-Rundlauf. Das Papier 35 (1981) Nr. 11, S. 500-505.

/36/ Möhle, H.: Schwingungsmessung zur Optimierung der Messertrommel von Querschneidern. Messtechnische Briefe 2 (1969), S. 35-39.

/37/ Möhle, H.: Querschneider und Schnittvorgang bei Karton. Jagenberg Forschungsbericht, Sonderdruck aus "Deutsche Papierwirtschaft 1968", Keppler Verlag.

/38/ Podiumsgespräch über Rollenschneidmaschinen und Querschneider. Das Papier 25 (1971), Nr. 10A, S. 682-715.

/39/ n.n.: DIENES Produktschriften: Das Längsschneiden von Papier-, Film- und Folienbahnen mit DIENES-Messern. Die Technik des Längsschneidens gestern heute morgen. Polygon Scherenschnitt Messerhalter. Overath 1984.

/40/ Klein, H.: Verarbeitung von Papier, Kunststoff- und Metallfolien. technica (1978) Nr.3, S. 177-184.

/41/ Kurrle, F.L.: Correlation of IPC needle penetration test with guillotine trimmer knife life. TAPPI 63 (1980) Nr.'7, S.100-102.

/42/ Schneider H.J. und E.E. Kottsieper: Maschinenmesser - Qualitätswerkzeuge für das Schneiden von Papier und Kunststoff. Papier+Kunststoff-Verarbeiter (1982) Nr.5, S. 30-37, 40-44, Nr.6, S. 92-98.

/43/ Grebe W. und H. Hofer: Untersuchungen an Bandstahlwerkzeugen, Teil 1: Schneiden. Verpackungs-Rdsch. 23 (1972) Nr.3, Techn-wiss.Beil. S.17-23.

/44/ Weyl: Schnittkräfte an Papier-Schneidemaschinen. Allg. Anzeiger f. Buchbinderei (1963) Nr.2-5, S.124,241,252-4,336-339.

/45/ Koch, P.: Bewertung des Schneidenzustandes an Messern für Papierschneidemaschinen. IPM-Mitt. 7 (1965) Nr.6, S.283-286.

/46/ Koch, P.: Abstumpfung der Messer an Papierschneidemaschinen. IPM-Mitt. 8 (1966) Nr.2, S.55-61.

/47/ Rösner, W.: Zu Fragen des Schneidens von Materialien der buchbinderischen Weiterverarbeitung. Papier und Druck 24 (1975) Nr.2, S.27-29, 25 (1976) Nr.3, S.45-48, Nr.4, S.57-60, 27 (1978) Nr.2, S. 23-29.

/48/ Hennemann, E.: Scharf und sauber. Papier+Kunststoff-Verarbeiter (1982) Nr.6, S.100-102. Das Messer im Schnellschneider. Papier+Kunststoff-Verarbeiter (1982) Nr.1, S. 17-20.

/49/ Kobayashi, A. und K. Saito: On the Cutting Mechanism of High Polymers. J. of Polymer Science 58 (1962), S. 1377-1395.

/50/ Kobayashi, A.: On the cutting mechanism of plastics. C.I.R.P.-Annalen 12 (1963), Nr. 2, S. 75-85.

/51/ Cammann J.: Verschleißverhalten CVD-beschichteter Schneidwerkzeuge. Industrieanzeiger 105 (1983) Nr.88, S.56-57.

/52/ Doege E. und B. Fugger.: Meßsystem zur genauen Bestimmung des Kantenverschleißes an Schneidwerkzeugen und Untersuchung der Schneidbarkeit von Elektroblechen unter Einbeziehung des Werkzeugwerkstoffs. Stahl u. Eisen 102 (1982) Nr.14, S. 737-738, Nr.15-16, S. 65-70.

/53/ Cornely, H.: Verschleißmindernde Maßnahmen an Schneid- und Umformwerkzeugen. Werkstatt & Betrieb 113 (1980) Nr.3, S.185-192.

/54/ Grosch, J.: Werkstofftechnische Grundlagen der Werkstoffe für Schneidwerkzeuge. VDI-Z. 113 (1971) Nr.8, S.571-574.

/55/ Bühler H. und H. Seidenberg: Werkzeugverschleiß und Grathöhe beim Schneiden von Feinblech. Stahl u. Eisen 86 (1966) Nr.25, S. 1677-1688.

/56/ Buchmann, K.: Über den Einfluß einiger Schneidbedingungen auf den Werkzeugverschleiß beim Schneiden von Stahlfeinblechen im geschlossenen Schnitt. Werkstattstechnik 53 (1963) Heft 11, S. 561-566.

/57/ VDI-Richtlinie 3368: Schneidspalt-, Schneidstempel- und Schneidplattenmaße für Schneidwerkzeuge der Stanztechnik. Mai 1982.

/58/ Otto Hänsel, Hochleistungs-Bonboneinwickelmaschine X 8002 Super.

/59/ DIN 6581: Begriffe der Zerspantechnik: Bezugssysteme und Winkel am Schneidteil des Werkzeuges. Oktober 1985.

/60/ DIN 9869, Bl.2: Begriffe für Werkzeuge der Stanztechnik: Schneidwerkzeuge. November 1969.

/61/ VDI-Richtlinie 2009 - Entwurf: Schneiden von Kunststoffen. April 1970.

/62/ Reichel, W.: Zur Technologie des Scherens. Blech 2 (1955) Nr.8, S. 12-39.

/63/ Dubbel, H. et al.: Dubbels Taschenbuch für den Maschinenbau. 15. Auflage. Springer Verlag. Berlin u.a., 1983.

/64/ Kragelski, I.V. et al.: Grundlagen der Berechnung von Reibung und Verschleiß. Carl Hanser Verlag, München, Wien, 1983.

/65/ Zum Gahr, K.-H. et al.: Reibung und Verschleiß. Deutsche Gesellschaft für Metallkunde e.V. 1983.

/66/ Beckmann, G. und I. Kleis: Abtragverschleiß von Metallen. 1. Auflage, Leipzig, 1983.

/67/ Uetz, H.: Grundfragen des Verschleißes im Hinblick auf neuere Erkenntnisse auf dem Gebiet der Verschleißforschung. Braunkohle 20 (1968) Nr. 11, S. 365-376.

/68/ Autorenkollektiv: Verpacken mit Kunststoffolien. VDI-Verlag, Düsseldorf, 1982.

/69/ Hülsmann, Th. und H.J. Hohmann: Messerverschleiß in Querschneideeinrichtungen von Verpackungsmaschinen. Verpackungs-Rdsch. 34 (1984) Nr.12, Techn.wiss.Beil., S.87-93.

/70/ Hülsmann, Th. und H.J. Hohmann: Untersuchung der Messerstandzeiten und Optimierung der konstruktiven Merkmale von Querschneideeinrichtungen in Verpackungsmaschinen. Jährliche Forschungsberichte des Fraunhofer-Institutes für Lebensmitteltechnologie und Verpackung, München, Projekte 100 196 und 100 463, 1980 - 1985.

/71/ Hendrickson, T.C.: Testing films for machinability. Modern Packaging 40 (1967) Nr.13, S. 171-176.

/72/ Dieking, E.: Abpacken auf Schlauchbeutelmaschinen. Die neue Verpackung 23 (1970) Nr.9, S. 1312-1326.

/73/ Hohmann, H.J.: Abschätzen der Maschinengängigkeit von Packstoffen. Verpackungs-Rdsch. 27 (1976) Nr.1, S. 30-40.

/74/ Hohmann, H.J. et al.: Bahnspannungen in vertikalen Schlauchbeutelmaschinen. Verpackungs-Rdsch. 31 (1980) Nr.10, Techn.-wiss.Beilage, S. 67-73, Nr.12, Beilage, S. 85-90, 32 (1981) Nr.2, Beilage, S. 7-13.

/75/ Meyer, H.: Probleme bei der Verarbeitung von Kunststoff-Folien. Süsswaren (1973) Nr. 5, S. 206-208, Nr. 6, S. 254-255, Nr. 7, S. 301-304.

/76/ Saechtling, H.: Kunststoff-Taschenbuch. 21. Ausgabe, Carl Hanser Verlag, München, Wien, 1979.

/77/ Domininghaus, H.: Die Kunststoffe und ihre Eigenschaften. VDI-Verlag, Düsseldorf, 1976.

/78/ Feiler, M.: Eine zerstörungsfreie Gestaltermittelung von Querschnitten an Werkstücken und Werkzeugen. wt-Z.ind.Fertig. 59 (1969) Nr.12, S. 627-629.

/79/ DIN 4768, Bl. 1: Ermittelung der Rauheitsmeßgrößen R_a, R_z, R_{max} mit elektrischen Tastschnittgeräten; Grundlagen. August 1974.

/80/ Nittel, J. und A. Schilling: Diagnose von Verschleißzuständen mit Hilfe der Rasterelektronenmikroskopie. Schmierungstechnik 14 (1983) Nr. 7, S. 196-198.

/81/ Broszeit, E.: Modell-Verschleißprüftechnik. VDI-Berichte Nr.194 (1973), S. 45-56.

/82/ Heinke, G.: Verschleiß - eine Systemeigenschaft - Auswirkungen auf die Verschleißprüfung. Z. f. Werkstofftechnik / J. of Materials Technology 6 (1975) Nr.5, S. 164-169.

/83/ Feiler, M.: Bestimmung der Schnittqualität an Folien. wt-Z.ind.Fertig. 62 (1972) Nr.1, S.30-33.

/84/ Sperling, H.: Die Schnittqualität bei Tafelscheren. Blech 15 (1968) Nr.4, S. 164-169.

/85/ Czichos, H. und K.H. Habig: Grundvorgänge des Verschleißes metallischer Werkstoffe - Neuere Ergebnisse der Forschung -. VDI-Berichte Nr. 194 (1973), S.23-31.

/86/ Habig, K.-H.: Die Verschleißmechanismen von Metallen und Maßnahmen zu ihrer Bekämpfung. Z. f. Werkstofftechnik / J. of Materials Technology 4 (1973) Nr.4, S. 33-40.

/87/ Uetz, H. und J. Föhl: Erscheinungsformen von Verschleißschäden. VDI-Berichte Nr. 243 (1975), S. 127-141.

/88/ Engel, L. und Klingele: Rasterelektronische Untersuchungen von Bruchflächen und Oberflächenschäden. VDI-Berichte Nr. 243 (1975), S. 63-73.

/89/ Kloos, K.H. und E. Broszeit: Verschleißschäden durch Oberflächenermüdung. VDI-Berichte Nr. 243 (1975), S. 189-204.

/90/ Cortellucci, R. und C.J. Heim, T.D. Koshi, P.J. Phillips: Abrasion of Plastics. Wear 47 (1978), S. 397-405.

/91/ Sarkar, A.D.: Friction and Wear. Academic Press, London, New York, Toronto, Sydney, San Francisco, 1980.

/92/ Mittmann, H.-U. und H. Czichos: Reibungsmessungen und Oberflächenuntersuchungen an Kunststoff-Metall-Gleitpaarungen. Materialprüf. 17 (1975) Nr.10, S. 366-372.

/93/ Persönliche Information der Firma Otto Hänsel GmbH, Hannover.

/94/ Domke, W.: Werkstoffkunde und Werkstoffprüfung. Essen 1975.

/95/ Magnus, Kurt und H.H.Müller: Grundlagen der Technischen Mechanik. Stuttgart 1974.

/96/ Gnilke, W.: Lebensdauerberechnung der Maschinenelemente. München, Wien 1980.

/97/ Niemann, G.: Maschinenelemente. Band 1. Berlin, Heidelberg, New York 1975.

IPA Forschung und Praxis

Schriftenreihe aus dem Institut für Produktionstechnik und Automatisierung, Stuttgart

Herausgeber: Prof. Dr.-Ing. H. J. Warnecke

Datenerfassung im Produktionsbereich
Von E. Bendeich. ISBN 3-7830-0117-8.
1977, 176 Seiten, kartoniert. 54,— DM

Methodenauswahl für die Materialbewirtschaftung in Maschinenbau-Betrieben
Von H. Graf. ISBN 3-7830-0136-6.
1977, 144 Seiten, kartoniert. 54,— DM

Systematische Auswahl von Förderhilfsmitteln für den innerbetrieblichen Materialfluß
Von W. Rau. ISBN 3-7830-0139-0.
1977, 103 Seiten, kartoniert. 40,— DM

Grundlagen zur Planung von Ersatzteilfertigungen
Von E. Schulz. ISBN 3-7830-0138-2.
1977, 98 Seiten, kartoniert. 40,— DM

Rechnerunterstützte Fabrikplanung
Von B. Minten. ISBN 3-7830-0116-1.
1977, 124 Seiten, kartoniert. 38,— DM

Eine Planungsmethode für automatische Montagesysteme
Von H.-G. Löhr. ISBN 3-7830-0120-X.
1977, 108 Seiten, kartoniert. 32,— DM

Planung und Bewertung von Arbeitssystemen in der Montage
Von H. Metzger. ISBN 3-7830-0131-5.
1977, 108 Seiten, kartoniert. 40,— DM

Klassifizierungssystem für Prüfmittel der industriellen Längenprüftechnik
Von R. Czetto. ISBN 3-7830-0144-7.
1978, 181 Seiten, kartoniert. 64,— DM

Rechnerunterstützte Montageplanung
Von O. Hirschbach. ISBN 3-7830-0149-8.
1978, 146 Seiten, kartoniert. 52,— DM

Rechnerunterstützte Entwicklung von Simulationsmodellen für Unternehmensplanspiele
Von A. Moker. ISBN 3-7830-0147-1.
1978, 181 Seiten, kartoniert. 64,— DM

Arbeitsplatzanalysen zur Ermittlung der Einsatzmöglichkeiten und Anforderungen an Industrieroboter
Von G. Herrmann. ISBN 37830-0151-X.
1978, 113 Seiten, kartoniert. 40,— DM

MFSP — Ein Verfahren zur Simulation komplexer Materialflußsysteme
Von G. Stemmer. ISBN 3-7830-0118-8.
1977, 140 Seiten, kartoniert. 60,— DM

Berührungslose Erkennung durch Positionsbestimmung von Objekten durch inkohärent-optische Korrelation
Von M. König. ISBN 3-7830-0137-4.
1977, 110 Seiten, kartoniert. 40,— DM

Auslegung von Störungspuffern in kapitalintensiven Fertigungslinien
Von R. v. Stetten. ISBN 3-7830-0140-4.
1977, 154 Seiten, kartoniert. 56,— DM

Flexible Transportablaufsteuerung
Von G. Römer. ISBN 3-7830-0114-5.
1977, 188 Seiten, kartoniert. 60,— DM

Rechnergestützte Realplanung von Fabrikanlagen
Von T.-K. Sauter. ISBN 3-7830-0119-6.
1977, 108 Seiten, kartoniert. 32,— DM

Systematisches Auswählen und Konzipieren von programmierbaren Handhabungsgeräten
Von R. D. Schraft. ISBN 3-7830-0115-3.
1977, 108 Seiten, kartoniert. 32,— DM

Auslandsproduktion
Von W. Cypris. ISBN 3-7830-0145-5.
1978, 126 Seiten, kartoniert. 42,— DM

Wirtschaftlicher Einsatz von Mehrkoordinatenmeßgeräten
Von M. Dietzsch. ISBN 3-7830-0148-X.
1978, 142 Seiten, kartoniert. 52,— DM

Fertigungssteuerung bei flexiblen Arbeitsstrukturen
Von K.-G. Lederer. ISBN 3-7830-0146-3.
1978, 128 Seiten, kartoniert. 42,— DM

Untersuchungen zum Polieren und Entgraten durch elektrochemisches Oberflächenabtragen
Von K. Zerweck. ISBN 3-7830-0150-1.
1978, 110 Seiten, kartoniert. 40,— DM

Stufenweise Ableitung eines praktischen Planungssystems für den Entwicklungsbereich
Von R. Hichert. ISBN 3-7830-0149-8.
1978, 151 Seiten, kartoniert. 52,— DM

Produktionsplanung mit Auftragsfamilien
Von U. W. Geitner. ISBN 3-7830-0161.7.
1979, 110 Seiten, kartoniert. 45,— DM

Thermisch-chemisches Entgraten
Von T. Wagner. ISBN 3-7830-0164-1.
1979, 111 Seiten, kartoniert. 45,— DM

Untersuchung der Materialflußkosten bei ausgewählten Systemen der Zentralen Arbeitsverteilung
Von R. Wenzel. ISBN 3-7830-0162-5.
1979, 168 Seiten, kartoniert. 86,— DM

Anpassung und Einführung eines Planungssystems für die Ablaufplanung im Konstruktionsbereich
Von W. Dangelmaier. ISBN 3-7830-0163-3.
1979, 168 Seiten, kartoniert. 80,— DM

Längenmessungen an bewegten Teilen mit berührungslos wirkenden Aufnehmern
Von H. Lang. ISBN 3-7830-0157-9.
1979, 89 Seiten, kartoniert. 42,— DM

Untersuchung multistabiler Strömungselemente und ihr Einsatz in sequentiellen Steuerungen
Von A. Ernst. ISBN 3-7830-0157-9.
1979, 122 Seiten, kartoniert. 48,— DM

Taktile Sensoren für programmierbare Handhabungsgeräte
Von M. Schweizer. ISBN 3-7830-0158-7.
1979, 91 Seiten, kartoniert. 42,— DM

Die rechnerunterstützte Prüfplanung
Von P. Bläsing. ISBN 3-7830-0152-8.
1979, 100 Seiten, kartoniert. 44,— DM

Verfahren zur Fabrikplanung im Mensch-Rechner-Dialog am Bildschirm
Von W. Ernst. ISBN 3-7830-0156-0.
1979, 218 Seiten, kartoniert. 72,— DM

Rechnerunterstütztes Verfahren zur Leistungsabstimmung von Mehrmodell-Montagesystemen
Von M. Görke. ISBN 3-7830-0155-2.
1979, 139 Seiten, kartoniert. 50,— DM

Standortbezogene Betriebsmittel
Von G. Pflieger. ISBN 3-7830-0167-6.
1979, 127 Seiten, kartoniert. 52,— DM

Die betriebswirtschaftliche Beurteilung neuer Arbeitsformen
Von B.-H. Zippe. ISBN 3-7830-0168-4.
1979, 350 Seiten, kartoniert. 98,— DM

Untersuchung des Arbeitsverhaltens programmierbarer Handhabungsgeräte
Von B. Brodbeck. ISBN 3-7830-0169-2.
1979, 117 Seiten, kartoniert. 48,— DM

Untersuchung eines kohärent-optischen Verfahrens zur Rauheitsmessung
Von N. Rau. ISBN 3-7830-0174-9.
1979, 117 Seiten, kartoniert. 48,— DM

Entwicklung einer programmierbaren, pneumatischen Steuerung
Von D. Klemenz. ISBN 3-7830-0171-4.
1979, 93 Seiten, kartoniert. 42,— DM

IPA Forschung und Praxis

Berichte aus dem Fraunhofer-Institut für Produktionstechnik und Automatisierung, Stuttgart, und dem Institut für Industrielle Fertigung und Fabrikbetrieb der Universität Stuttgart

Herausgeber: Prof. Dr.-Ing. H. J. Warnecke

---

38 **Arbeitsgangterminierung mit variabel strukturierten Arbeitsplänen — Ein Beitrag zur Fertigungssteuerung flexibler Fertigungssysteme**
Von U. Maier. ISBN 3-540-10213-2.
1980, 111 Seiten mit 45 Abbildungen. 43.– DM

39 **Kapazitätsabgleich bei flexiblen Fertigungssystemen**
Von P. S. Nieß. ISBN 3-540-10372-4.
1980, 151 Seiten mit 57 Abbildungen. 48.– DM

40 **Schichtdickenverteilung auf galvanisierten Paßteilen am Beispiel kleiner abgesetzter Wellen und Bohrungen**
Von D. Wolfhard. ISBN 3-540-10373-2.
1980, 177 Seiten mit 83 Abbildungen. 48.– DM

41 **Planung von Mehrstellenarbeit unter Berücksichtigung von Umfeldaufgaben**
Von S. Häußermann. ISBN 3-540-10374-0.
1980, 136 Seiten mit 59 Abbildungen. 48.– DM

42 **Untersuchungen zur Schmierfilmdicke in Druckluftzylindern — Beurteilung der Abstreifwirkung und des Reibungsverhaltens von Pneumatikdichtungen mit Hilfe eines neu entwickelten Schmierfilmdickenmeßverfahrens**
Von R. Köhnlechner. ISBN 3-540-10375-9.
1980, 100 Seiten mit 38 Abbildungen und 4 Tabellen. 43.– DM

43 **Typologie zum überbetrieblichen Vergleich von Fertigungssteuerungsverfahren im Maschinenbau**
Von G. Rabus. ISBN 3-540-10376-7.
1980, 174 Seiten mit 88 Abbildungen und 21 Tafeln. 48.– DM

44 **System zur Planung des Umlaufbestandes in Betrieben mit Serienfertigung**
Von K.-G. Wilhelm. ISBN 3-540-10377-5.
1980, 142 Seiten mit 67 Abbildungen und 15 Tafeln. 48.– DM

45 **Rechnerunterstützte Arbeitsplanerstellung mit Kleinrechnern, dargestellt am Beispiel der Blechbearbeitung**
Von W. Hoheisel. ISBN 3-540-10505-0.
1981, 169 Seiten mit 74 Abbildungen. 48,– DM

46 **Beitrag zur Verbesserung der Wirtschaftlichkeit EDV-unterstützter Fertigungssteuerungssysteme durch Schwachstellenanalyse**
Von J. Lienert. ISBN 3-540-10506-9.
1981, 148 Seiten mit 37 Abbildungen. 48.– DM

47 **Die Abscheidung von Öl an Entlüftungsöffnungen drucklufttechnischer Anlagen**
Von W.-D. Kiessling. ISBN 3-540-10604-9.
1981, 117 Seiten mit 48 Abbildungen und 3 Tabellen. 43,– DM

48 **Dynamische Optimierung technisch-ökonomischer Systeme**
Von J. Warschat. ISBN 3-540-10717-7.
1981, 132 Seiten mit 60 Abbildungen. 43,– DM

49 **Bildsensor zur Mustererkennung und Positionsmessung bei programmierbaren Handhabungsgeräten**
Von H. Geißelmann. ISBN 3-540-10735-5.
1981, 125 Seiten mit 52 Abbildungen. 43,– DM

50 **Verfügbarkeitsberechnung für komplexe Fertigungseinrichtungen**
Von Ekkehard Gericke. ISBN 3-540-10779-7.
1981, 132 Seiten mit 71 Abbildungen. 43,– DM

51 **Materialflußgestaltung in Fertigungssystemen**
Von Willi Rößner. ISBN 3-540-10888-2.
1981, 149 Seiten mit 76 Abbildungen. 48,– DM

52 **Beitrag zur Analyse der Auswirkungen der Mikroelektronik, dargestellt am Beispiel der Büromaschinen-Industrie**
Von Werner Neubauer. ISBN 3-540-10991-9.
1981, 145 Seiten mit 27 Abbildungen und 47 Tabellen. 43,– DM

53 **Modelle von Informationssystemen zur kurzfristigen Fertigungssteuerung und ihre Gestaltung nach betriebsspezifischen Gesichtspunkten**
Von Roland Gentner. ISBN 3-540-10992-7.
1981, 181 Seiten mit 69 Abbildungen und 7 Tabellen. 48,– DM

54 **Entwicklung von Verfahren zur Terminplanung und -steuerung bei flexiblen Montagesystemen**
Von Jürgen H. Kölle. ISBN 3-540-11227-8.
1981, 132 Seiten mit 64 Abbildungen und 1 Faltplan. 43,– DM

55 **Arbeits- und Kapazitätsteilung in der Montage**
Von Stefan Dittmayer. ISBN 3-540-11228-6.
1981, 124 Seiten und 56 Abbildungen. 43,– DM

56 **Beitrag zur systematischen Planung der Qualitätsprüfung bei Klein- und Mittelserienfertigung**
Von Herbert Babic. ISBN 3-540-11325-8
1982, 108 Seiten mit 38 Abbildungen und 7 Tabellen. 53.– DM

57 **Methode zur rechnerunterstützten Einsatzplanung von programmierbaren Handhabungsgeräten**
Von Uwe Schmidt-Streier. ISBN 3-540-11355-X.
1982, 188 Seiten mit 72 Abbildungen. 53.– DM

58 **Werkstoff- und Energiekennwerte industrieller Lackieranlagen, am Beispiel der Automobilindustrie**
Von Rainer Manfred Thiel. ISBN 3-540-11356-8.
1982, 116 Seiten mit 59 Abbildungen. 53.– DM

59 **Maßnahmen zum Verbessern der pneumatischen Lackzerstäubung – Teilchengrößenbestimmung im Spritzstrahl –**
Von Klaus Werner Thomer. ISBN 3-540-11507-2.
1982, 162 Seiten mit 94 Abbildungen und 1 Tabelle. 53.– DM

60 **Ermittlung und Bewertung von Rationalisierungsmaßnahmen im Produktionsbereich**
Von Jürgen Schilde. ISBN 3-540-11730-X.
1982, 158 Seiten mit 57 Abbildungen. 53.– DM

61 **Untersuchung von Verfahren der Reihenfolgeplanung und ihre Anwendung bei Fertigungszellen**
Von Mohamed Osman. ISBN 3-540-11747-4.
1982, 124 Seiten mit 32 Abbildungen und 3 Tabellen. 53.– DM

62 **Ein Simulationsmodell zur Planung gruppentechnologischer Fertigungszellen**
Von Volker Saak. ISBN 3-540-11747-4.
1982, 134 Seiten mit 53 Abbildungen. 53.– DM

63 **Verfahren zur technischen Investitionsplanung automatisierter Fertigungsanlagen**
Von Günter Vettin. ISBN 3-540-11747-4.
1982, 134 Seiten mit 63 Abbildungen. 53.– DM

64 **Pneumatische Sensoren zur prozeßsimultanen Messung des Werkzeugverschleißes und zur Kollisionsvermeidung beim Messerkopffräsen**
Von Wolfgang Jentner. ISBN 3-540-11747-4.
1982, 126 Seiten mit 47 Abbildungen und 6 Tabellen. 53.– DM

65 **Rechnerunterstützte Gestaltung ortsgebundener Montagearbeitsplätze, dargestellt am Beispiel kleinvolumiger Produkte**
Von Eberhard Haller. ISBN 3-540-12015-7.
1982, 130 Seiten mit 43 Abbildungen. 53.– DM

66 **Fernsehüberwachung von Schutzgasschweißvorgängen mit abschmelzender Elektrode MIG – MAG**
Von Ruprecht Niepold. ISBN 3-540-12181-7.
1983, 178 Seiten mit 73 Abbildungen und 5 Tabellen. 58.– DM

67 **Entwicklung flexibler Ordnungssysteme für die Automatisierung der Werkstückhandhabung in der Klein- und Mittelserienfertigung**
Von Karl Weiss. ISBN 3-540-12455-1.
1983, 116 Seiten mit 68 Abbildungen. 58.– DM

68 **Automatisierte Überwachungsverfahren für Fertigungseinrichtungen mit speicherprogrammierten Steuerungen**
Von Werner Eißler. ISBN 3-540-12456-X.
1983, 128 Seiten mit 66 Abbildungen. 58.– DM

69 **Prozeßüberwachung beim Galvanoformen**
Von Jürgen Wilhelm Böcker. ISBN 3-540-12457-8.
1983, 118 Seiten mit 32 Abbildungen. 58.– DM

70 **LAPEX – Ein rechnerunterstütztes Verfahren zur Betriebsmittelzuordnung**
Von Stephan Mayer. ISBN 3-540-12490-X.
1983, 162 Seiten mit 34 Abbildungen und 2 Tabellen. 58.– DM

71 **Gestaltung eines integrierten Produktionssystems für die Sortenfertigung unter Einsatz der Clusteranalyse**
Von Gerald Weber. ISBN 3-540-12650-3.
1983, 194 Seiten mit 54 Abbildungen. 58.– DM

72 **Gußputzen mit sensorgeführten, programmierbaren Handhabungsgeräten**
Von Eberhard Abele. ISBN 3-540-12651-1.
1983, 133 Seiten mit 66 Abbildungen. 58,– DM

73 **Untersuchungen zur Herstellung und zum Einsatz galvanogeformter Erodierelektroden**
Von Harald Müller. ISBN 3-540-12822-0.
1983, 148 Seiten mit 78 Abbildungen. 58,– DM

74 **Ein Beitrag zur Optimierung der Prozeßführungsstrategien automatisierter Förder- und Materialflußsysteme**
Von Hans Steffens. ISBN 3-540-12968-5.
1983. 161 Seiten mit 60 Abbildungen. 58,– DM

75 **Entwicklung eines Verfahrens zur wertmäßigen Bestimmung der Produktivität und Wirtschaftlichkeit von Personalentwicklungsmaßnahmen in Arbeitsstrukturen**
Von Christian Müller. ISBN 3-540-13041-1.
1983. 129 Seiten mit 34 Abbildungen. 58,– DM

76 **Berechnung der Gestaltänderung von Profilen infolge Strahlverschleiß**
Von Wolfgang Marx. ISBN 3-540-13054-3.
1983. 121 Seiten mit 58 Abbildungen. 58,– DM

77 **Algorithmen zur flexiblen Gestaltung der kurzfristigen Fertigungssteuerung**
Von Rudolf E. Scheiber. ISBN 3-540-13500-6.
1984, 150 Seiten mit 73 Abbildungen und 1 Tabelle. 63.– DM

78 **Galvanisieren mit moduliertem Strom**
Von Jürgen Wolfgang Mann. ISBN 3-540-13733-5.
1984, 145 Seiten und 58 Abbildungen. 63,– DM

79 **Fluoreszenzmeßverfahren zur Schmierfilmdickenmessung in Wälzlagern**
Von Wolfgang Schmutz. ISBN 3-540-13777-7.
1984, 141 Seiten und 66 Abbildungen. 63,– DM

IPA-IAO Forschung und Praxis

Berichte aus dem Fraunhofer-Institut für Produktionstechnik und Automatisierung (IPA), Stuttgart, Fraunhofer-Institut für Arbeitswirtschaft und Organisation (IAO), Stuttgart, und Institut für Industrielle Fertigung und Fabrikbetrieb der Universität Stuttgart

Herausgeber: Prof. Dr.-Ing. H. J. Warnecke und Prof. Dr.-Ing. H.-J. Bullinger

---

80 **Flexibilität und Kapazität von Werkstückspeichersystemen**
Von Bernhard Graf. ISBN 3-540-13970-2.
1984, 115 Seiten mit 71 Abbildungen. 63,– DM

T1 **Flexible Fertigungssysteme**
17. IPA-Arbeitstagung zusammen mit der 3. Internationalen Konferenz „Flexible Manufacturing Systems (FMS-3)", ISBN 3-540-13807-2.
1984, 249 Seiten mit zahlreichen Abbildungen. 118,– DM

T2 **Integrierte Bürosysteme**
3. IAO-Arbeitstagung. ISBN 3-540-13978-8.
1984, 633 Seiten mit zahlreichen Abbildungen. 168,– DM

81 **Rechnerunterstützte Planung von Montageablaufstrukturen für Erzeugnisse der Serienfertigung**
Von Ernst-Dieter Ammer. ISBN 3-540-15056-0.
1985, 120 Seiten mit 1 Faltblatt und 33 Abbildungen. 63,– DM

82 **Flexibilität von personalintensiven Montagesystemen bei Serienfertigung**
Von Heinrich Vähning. ISBN 3-540-15093-5.
1985, 152 Seiten mit 49 Abbildungen. 63,– DM

83 **Ordnen von Werkstücken mit programmierbaren Handhabungsgeräten und Werkstückerkennungssensoren**
Von Ingo Schmidt. ISBN 3-540-15375-6.
1985, 111 Seiten mit 66 Abbildungen. 63,– DM

84 **Systematische Investitionsplanung**
Von Jorge Moser. ISBN 3-540-15370-5.
1985, 190 Seiten mit 69 Abbildungen. 63.– DM

T3 **Montage · Handhabung · Industrieroboter**
Internationaler MHI-Kongreß im Rahmen der Hannover-Messe '85. ISBN 3-540-15500-7.
1985, 267 Seiten mit zahlreichen Abbildungen. 128,– DM

85 **Flexible Montagesysteme – Konzeption und Feinplanung durch Kombination von Elementen**
Von Peter Konold / Bernd Weller. ISBN 3-540-15606-2.
1985, 162 Seiten mit 71 Abbildungen und 9 Tabellen. 63,– DM

T4 **Menschen · Arbeit · Neue Technologien**
4. IAO-Arbeitstagung zusammen mit der 2. Internationalen Konferenz „Human Factors in Manufacturing". ISBN 3-540-15763-8.
1985, 442 Seiten mit zahlreichen Abbildungen. 168,– DM

86 **Leitstandunterstützte kurzfristige Fertigungssteuerung bei Einzel- und Kleinserienfertigung**
Von Lothar Aldinger. ISBN 3-540-15903-7.
1985, 151 Seiten mit 49 Abbildungen und 2 Tabellen. 63,– DM

87 **Bestimmen des Bürstenverhaltens anhand einer Einzelborste**
Von Klaus Przyklenk. ISBN 3-540-15956-8.
1985, 117 Seiten mit 74 Abbildungen. 63,– DM

88 **Montage großvolumiger Produkte mit Industrierobotern**
Von Jörg Walther. ISBN 3-540-16027-2.
1985, 125 Seiten mit 58 Abbildungen. 63,– DM

89 **Algorithmen und Verfahren zur Erstellung innerbetrieblicher Anordnungspläne**
Von Wilhelm Dangelmaier. ISBN 3-540-16144-9.
1986, 268 Seiten mit 79 Abbildungen. 68,– DM

90 **Bewertung der Instandhaltung von Fertigungssystemen in der technischen Investitionsplanung**
Von Hagen U. Uetz. ISBN 3-540-16166-X.
1986, 129 Seiten mit 38 Abbildungen. 68,– DM

91 **Entgraten durch Hochdruckwasserstrahlen**
Von Manfred Schlatter. ISBN 3-540-16172-4.
1986, 167 Seiten mit 89 Abbildungen und 18 Tabellen. 68,– DM

92 **Werkstückorientierte Verfahrensauswahl zum Gußputzen mit Industrierobotern**
Von Wolfgang Sturz. ISBN 3-540-16224-0.
1986, 156 Seiten mit 59 Abbildungen. 68,– DM

93 **Verfahren zur Verringerung von Modell-Mix-Verlusten in Fließmontagen**
Von Reinhard Koether. ISBN 3-540-16499-5.
1986, 175 Seiten mit 46 Abbildungen und 1 Tabelle. 68,– DM

94 **Entwicklung und Einsatz eines interaktiven Verfahrens zur Leistungsabstimmung von Montagesystemen**
Von Günter Schad. ISBN 3-540-16978-4.
1986, 120 Seiten mit 31 Abbildungen und 1 Tabelle. 68,– DM

95 **Qualifizierung an Industrierobotern**
Von Wolfgang Bachl. ISBN 3-540-17018-9.
1986, 218 Seiten mit 30 Abbildungen. 68,– DM

96 **Rechnersimulation des Beschichtungsprozesses beim Elektrotauchlackieren – Anwendung zum Berechnen des Umgriffs**
Von Otto Baumgärtner. ISBN 3-540-17102-9.
1986, 113 Seiten mit 42 Abbildungen. 68,– DM

97 **Ergonomische Gestaltung von Rotationsstellteilen für grob- und sensomotorische Tätigkeiten**
Von Werner F. Muntzinger. ISBN 3-540-17247-5.
1986, 135 Seiten mit 51 Abbildungen und 33 Tabellen. 68,– DM

98 **Die optische Rauheitsmessung in der Qualitätstechnik**
Von R.-J. Ahlers. ISBN 3-540-17242-4.
1986, 133 Seiten mit 56 Abbildungen und 2 Tabellen. 68,– DM

99 **Maschinelle Spracherkennung zur Verbesserung der Mensch-Maschine-Schnittstelle**
Von Gerhard Rigoll. ISBN 3-540-17350-1.
1986, 134 Seiten mit 55 Abbildungen. 68,– DM

100 **Konzeption und Auswahl modularer Magazinpaletten**
Von Thomas Zipse. ISBN 3-540-17584-9.
1987, 126 Seiten mit 54 Abbildungen. 68,– DM

101 **Anschlüsse an Kupferrohre – Herstellung und Automatisierungsmöglichkeit**
Von Eberhard Rauschnabel. ISBN 3-540-17807-4.
1987, 120 Seiten mit 88 Abbildungen. 68,– DM

102 **Mengen- und ablauforientierte Kapazitätsplanung von Montagesystemen**
Von Hans Sauer. ISBN 3-540-17815-5.
1987, 156 Seiten mit 64 Abbildungen. 68,– DM

103 **Verfahrensinstrumentarium zur Werkstückauswahl und Auslegung von Industrieroboterschweißsystemen**
Von Herbert Gzik. ISBN 3-540-17928-3.
1987, 138 Seiten mit 56 Abbildungen. 68,– DM

104 **Integration von Förder- und Handhabungseinrichtungen**
Von Joachim Schuler. ISBN 3-540-17955-0.
1987, 153 Seiten mit 61 Abbildungen. 68,– DM

105 **Produktionsmengen- und -terminplanung bei mehrstufiger Linienfertigung**
Von H. Kühnle. ISBN 3-540-18038-9.
1987, 124 Seiten mit 25 Abbildungen. 68,– DM

106 **Untersuchung des Plasmaschneidens zum Gußputzen mit Industrierobotern**
Von Jong-Oh Park. ISBN 3-540-18037-0.
1987, 142 Seiten mit 70 Abbildungen. 68,– DM

107 **Fügen von biegeschlaffen Steckkontakten mit Industrierobotern**
Von Daegab Gweon. ISBN 3-540-18134-2.
1987, 115 Seiten mit 13 Abbildungen. 68,– DM

108 **Entwicklung eines biomechanischen Modells des Hand-Arm-Systems**
Von Georgios Tsotsis. ISBN 3-540-18135-0.
1987, 163 Seiten mit 45 Abbildungen. 68,– DM

109 **Ein Beitrag zur Planungssystematik für die automatisierte flexible Blechteilefertigung**
Von Thomas Weber. ISBN 3-540-18136-9.
1987, 149 Seiten mit 56 Abbildungen. 68,– DM

110 **Entwicklung eines Meßverfahrens zur Bestimmung des Positionier- und Orientierungsverhaltens von Industrierobotern**
Von Günter Schiele. ISBN 3-540-18137-7.
1987, 116 Seiten mit 48 Abbildungen. 68,– DM

111 **Schwingungsbelastung beim Arbeiten mit handgeführten, einachsigen Motormähgeräten**
Von Peter Kern. ISBN 3-540-18193-8.
1987, 145 Seiten mit 43 Abbildungen und 5 Tabellen. 68,– DM

112 **Entwicklung eines berührungslosen Tastsystems für den Einsatz an Koordinatenmeßgeräten**
Von Hie-Sik Kim. ISBN 3-540-18578-X.
1987, 111 Seiten mit 62 Abbildungen und 4 Tabellen. 68,– DM

113 **Qualifizierung an Industrierobotern – Ziele, Inhalte und Methoden**
Von Volker Korndörfer. ISBN 3-540-18618-2.
1987, 318 Seiten mit 100 Abbildungen. 68,– DM

114 **Funktional und räumlich variables und modulares Laborgerätesystem**
Von Alfred Mack. ISBN 3-540-18786-3.
1988, 116 Seiten mit 39 Abbildungen. 73,– DM

115 **Produktrecycling im Maschinenbau**
Von Rolf Steinhilper. ISBN 3-540-18849-5.
1988, 167 Seiten mit 50 Abbildungen. 73,– DM

116 **Integration der montagegerechten Produktgestaltung in den Konstruktionsprozeß**
Von Rudolf Bäßler. ISBN 3-540-19058-9.
1988, 133 Seiten mit 49 Abbildungen. 73,– DM

117 **Ein Algorithmus zur kapazitätsorientierten Bildung von Losen**
Von Tilmann Greiner. ISBN 3-540-19300-6.
1988, 135 Seiten mit 37 Abbildungen. 73,– DM

GPSR Compliance

The European Union's (EU) General Product Safety Regulation (GPSR) is a set of rules that requires consumer products to be safe and our obligations to ensure this.

If you have any concerns about our products, you can contact us on ProductSafety@springernature.com

In case Publisher is established outside the EU, the EU authorized representative is:

Springer Nature Customer Service Center GmbH
Europaplatz 3
69115 Heidelberg, Germany

Batch number: 10844639

Printed by Printforce, the Netherlands